JN051028

Basic Drafting

基礎製図

第6版

大西　清　著

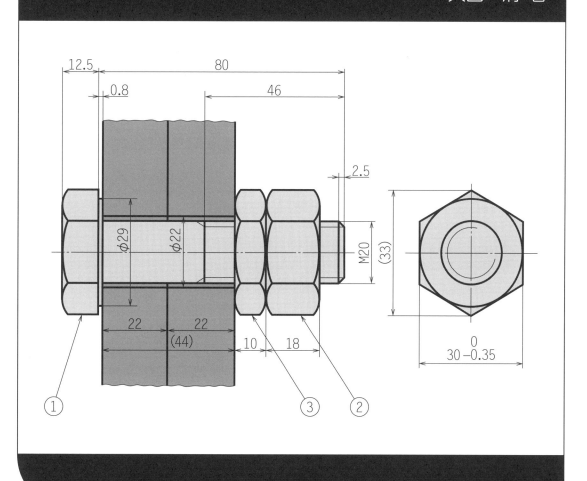

本書を発行するにあたって、内容に誤りのないようできる限りの注意を払いましたが、本書の内容を適用した結果生じたこと、また、適用できなかった結果について、著者、出版社とも一切の責任を負いませんのでご了承ください。

本書に掲載されている会社名・製品名は一般に各社の登録商標または商標です。

本書は、「著作権法」によって、著作権等の権利が保護されている著作物です。本書の複製権・翻訳権・上映権・譲渡権・公衆送信権（送信可能化権を含む）は著作権者が保有しています。本書の全部または一部につき、無断で転載、複写複製、電子的装置への入力等をされると、著作権等の権利侵害となる場合があります。また、代行業者等の第三者によるスキャンやデジタル化は、たとえ個人や家庭内での利用であっても著作権法上認められておりませんので、ご注意ください。

本書の無断複写は、著作権法上の制限事項を除き、禁じられています。本書の複写複製を希望される場合は、そのつど事前に下記へ連絡して許諾を得てください。

出版者著作権管理機構
（電話 03-5244-5088、FAX 03-5244-5089、e-mail：info@jcopy.or.jp）

JCOPY ＜出版者著作権管理機構 委託出版物＞

初版の序

　こんにちの工業の世界において，もし図面というものがなかったとしたら，いったいどういうことになるでしょうか．もし，などといういいかたは，この場合あまり適切ではないかもしれませんが，そういうことがまるで考えることもできないほど，工業上において，図面というものは他の何をさしおいても，必要不可欠なものとされているのです．

　これから製図を学ぼうとされる皆さんには，そういうことは実感として強くは感じられないかもしれません．しかし，図面は，たとえばわれわれが言葉を通じて相手とコミュニケーションを行うように，その工業生産の最初から最後まで，設計者の意志を伝えるという，重要な働きを行っているのです．

　われわれ人間にとって，コミュニケーションというものはとても大切なことで，つねに何かしゃべり，相手の話も聞いて理解を深め，人間関係がうまくいくように努めています．もしわれわれが話したりしたことの内容が，相手に正しく伝わらないと，誤解や説明不足が生じて，お互いに信用できなくなったりしてしまいます．

　図面の場合でも全く同様で，もしそこに描かれたことが，正しく相手に伝わらなかったり，誤って描かれていたりすると，正しい製品ができるわけがありませんから，せっかく作ったものが，みんな不良品になるなど，たいへんな結果となってしまいます．

　そういうわけで，これからの人々は，たとえ工業の方面に進もうとされる方々ばかりでなく，工業文明の現在では，すべての人が，機械などの工業製品に無縁というわけには絶対にいかないわけですから，それらを購入したり，使用したりするときの素養としても，図面というものに対して，ぜひとも正しい知識をもっていていただきたいと思います．

　本書は，そのような図面に対してごく初歩の方々を対象とし，まず図面を正しく読めるようになるには，そしてその次に，図面を正しく描けるようになるにはどのような勉強をしたらよいかについて，できるだけわかりやすいように心掛けて説明したものです．ご覧いただけるように，すべてのページを2分して，上側には図あるいは表を配し，下側にそれに対応する説明を記述しました．このようなページの構成により，図表と説明をそれぞれセットにして対応させましたので，便利にお読みいただけるかと思います．

　なおご承知のように，工業の範囲というものははなはだ広範で，ページの関係で主として機械製図の分野に例をとって説明しましたが，他の分野の製図でも，これに準じることが多く，製図の基礎を学ぶにはこれが最も基本になっているからであります．

　本書が，製図に対する入門書として，また製図を土台にした工業への入門書として，皆さま方のお役に立てていただけるならば，著者としてこの上のない喜びであります．

1993 年 5 月

著　　者

第6版の刊行にあたって

　本書の初版が刊行されてから 27 年となります．著者の大西清先生は惜しくも 2008 年師走に永眠されましたが，本書は年々新しい読者のご支持を受け，通算 32 回の増刷を重ねてまいりました．

　2019 年に「機械製図」が JIS B 0001：2019 として改正され，また「日本工業規格（JIS）」がその規格の対象を広げて「日本産業規格」（2019 年 7 月 1 日施行）と改称されたことは，みなさまご承知のとおりです．

　本書はごく初歩の方々を対象とした入門書であり，教育現場において学生のみなさまの理解のさまたげにならないことを念頭におき，このたびの規格改正に向き合い，大西清先生の代表的著書「JIS にもとづく標準製図法（第 15 全訂版）」（2019 年 8 月刊）についてもご協力をいただいた平野重雄先生に校閲をお願いし，大西清先生が強く留意された製図の入門書としてのわかりやすさと紙面構成を踏襲して第 6 版として刊行いたします．

　なお，溶接記号（JIS Z 3021：2016），製品の幾何特性仕様（GPS）（JIS B 0401-1：2016）も改正されたことから，本書中の該当箇所はそれらを反映し，現時点での最新の JIS規格に対応いたしました．

　本書が，これからのモノづくりを担う読者のみなさまの足掛かりとなれば幸いです．

2020 年 1 月

大西清設計製図研究会

大西清設計製図研究会
大西正敏　愛知工科大学教授
平野重雄　東京都市大学名誉教授

目次

基礎製図

第**6**版

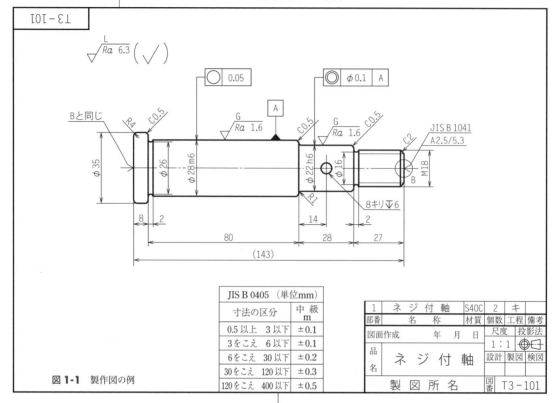

JIS B 0405 （単位mm）	
寸法の区分	中　級 m
0.5 以上　　3 以下	±0.1
3 をこえ　　6 以下	±0.1
6 をこえ　30 以下	±0.2
30 をこえ　120 以下	±0.3
120 をこえ　400 以下	±0.5

図 1-1　製作図の例

1	ネ　ジ　付　軸	S40C	2	キ	
部番	名　　　称	材質	個数	工程	備考
図面作成　　　年　月　日			尺度	投影法	
品名	ネ　ジ　付　軸		1：1		
			設計	製図	検図
	製　図　所　名			図番	T3-101

　あらゆる工業のあらゆる分野において，さまざまな図面が使用されているのはよく知られているとおりである．そしてその工業のあらゆる過程は，必ず図面に従って進行され，停止され，確認されている．このように，図面というものは，それらの工業の全過程を，正しく，かつ合理的に導くためになくてはならないものであって，図面の役割はまことに大きいといわなくてはならない．このような，図面をつくることを，製図するという．

　本章では，製図を学ぶ際における基礎事項，すなわちその歴史，製図規格および図面を構成する要素などについて説明する．

　図 1-1　上図は，図面の一例として，ある機械の部品である，ねじ付き軸の製作用の図面（製作図という）を示す．このように，図面は，図形と，文字および記号その他からなっており，これらが完全に補完しあって，1 枚の図面という体系をつくりあげているのである．

　図面には，この品物を製作するのに必要なあらゆる事項が，漏れなく明りょうに，かつむだなく示されていなければならない．

　また，図面を読む側からいえば，図面上に表現されているすべての情報は，誤ることなく正確に理解できることが必要で，一つの表現は必ず一つの解釈を与え，あいまいさを許さないものでなければならない．このように，製図者からの情報が読図者に誤りなく完全な形で伝わることを，**図面の一義性**という．

　この図面の一義性は，図面のなかで最も重要な性質の一つであり，これが成立するためには，製図者と読図者の間に，製図に関するいろいろなとりきめ，すなわち製図法がつくられ，かつそれが両者の間に完全に理解されていることが前提である．したがって工業にたずさわる者は，製図を行う行わないにかかわらず，製図法の正しい理解が絶対に必要であって，図面は工業の言語であるといわれるのはこのためである．

01-2　製図の歴史（1）

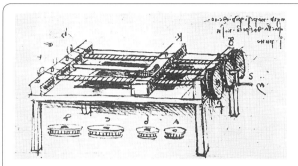

図 1-2　レオナルド・ダ・ビンチの描いたねじ切り機械

レオナルド・ダ・ビンチ

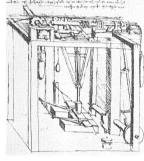

図 1-3　レオナルド・ダ・ビンチ
の描いた鍛造ハンマ

図 1-4　デ・レ・メタリカ（鉱山学）の中に
図示されている汲上げポンプ

　はじめに，図面とは何か，ということを考えてみよう．

　いったい工業とは，何かしら品物をつくることにかかわるなりわいである．いくつかの例外はあるにしても，そこでつくられている品物は，ある形状を有している．そしてその形状たるや，まさに千差万別である．

　このような品物の形を表現するには，図に描いて示すのが最も手っ取り早いことを，人間はすでに太古の昔から知っていた．古代人の洞くつの壁画や，発掘された神殿内外のレリーフから，そのことは容易に知ることができる．

　このように，形状を図示する，ということは，他の表現の欲望と同じく，人間生来の欲望であり，さまざまな場所にさまざまな絵が描かれてきた．

　一方で人間は，ものをつくるヒト，という意味で，ホモ・ファーベルとも呼ばれている．実際，石器時代以来，人間は実にさまざまなものをつくってきた．図面とは，上記の絵画と，つくる，ということの合体から生まれてきたとも考えられるのである．

　図 1-2，図 1-3　上掲の図は，レオナルド・ダ・ビンチ（1452 ～ 1519）の描いた図の例である．彼が，このような図を用いて，実際にこのような品物をつくったかどうかは不明であるが，少なくとも，つくろうと欲したことはまちがいない．彼は，このとき，図を，思考の手段とした，ということができるのである．

　彼以来，幾多の天才たちが，ものをつくるための図を描いてきたが，その後における印刷術の発明が，これを大きく推進したのである．

　図 1-4　これらのなかでアグリコーラ（1494 ～ 1555）によるデ・レ・メタリカ（鉱山学）はとくに著名で，鉱山における滑車，水車，起重機などが入念な版画により豊富に描かれている．彼にはこのほか，挿図を主とした著書もいくつか見ることができる．

01-3　製図の歴史（**2**）

ガスパール・モンジュ

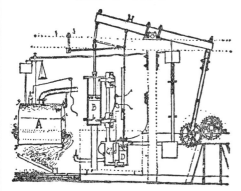

図1-5　ジェームス・ワットのスケッチ図

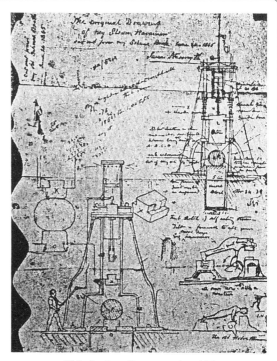

図1-6　ネーズミースのスケッチ図

　図面が，単なる思考の手段から，実用の段階にまで達したのは，近世に入って，ガスパール・モンジュ（1746～1818）によって画法幾何学が創設されたときに始まる．この学問は，築城に際し，従来の複雑な計算を廃し，幾何学的な手法を用いることにより非常な効果を上げたので，当時フランスの軍事機密とされたが，のちにこれが公開され，書物として刊行され，全世界に広まった．

　このモンジュにおける画法幾何学が，現代製図の主流である投影画法というもののはじまりであり，それまでの絵画的な図示法をやめて，科学的・合理的に図示できる道が開かれた．

　しかし図面が，その本来の使命をもつに至ったのは，18世紀における産業革命以降のことであった．この時代になると，図面と絵画は画然と分化され，製図が，生産に対してすぐれた指導性をもつことが広く認識された．当時の書物によると，すぐれた技術者が必備すべきこと

として，製図の才がまっさきにあげられたほどである．

　さて，一口に図面といっても，1枚の紙にサラサラ描かれたものから，製図機械やコンピュータなどを用いて描かれた何十枚～何百枚に及ぶぼう大複雑な図面に至るまで，さまざまな段階がある．これらの簡単な，あるいは複雑な図面に共通するものといえば何があるだろうか．

　まえにわれわれは，図面が，絵画と，ものをつくるということの合体から生じたことを知った．この「ものをつくる」という点こそ，すべての図面に共通するところである．すなわちあらゆる図面は，そこに描き出された品物を，つくるための手段として描かれたものであり，図面そのものが目的物でないところが，絵画などと根本的に異なるのである．

　図1-5，**図1-6**　これらの図は，ジェームス・ワット（1736～1819）およびネーズミース（1808～1890）によるスケッチを示したものである．

01-4　図面の必要条件

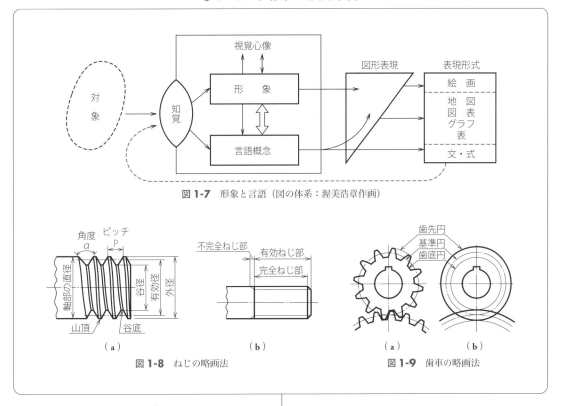

図 1-7　形象と言語（図の体系：渥美浩章作画）

図 1-8　ねじの略画法

図 1-9　歯車の略画法

　上述のようなことから，図面には少なくとも次の二つの点が必要不可欠であることが認識された.

①　図面は，その品物を実際に製作するために必要なあらゆる情報を含んでいること.

②　図面は，それに含まれた情報を，過不足なく相手に伝達するものであること.

　この二つの点は，いってみれば製図者（情報の発信者）と，読図者（情報の受信者）との間の完全なコミュニケーションを期待しているものである. これがすでに述べた図面の一義性にほかならない.

　図 1-7　人間があることを知覚し，それを他人に伝達する場合のことを図示してみると，たとえばこの図のようになる. このうちの図形表現だけをとってみても，いろいろな表現形式が考えられる. われわれはこれらの形式のうち，図面だけを取り扱うのであるが，他の形式においては，必ずしも一義性がそれほど必要とされ

ないのは，それぞれの受け取り方の違いということが許容される，むしろそのことが重視される場合が多いからである.

　図面はこれに反し，原則として寸分の受け取り方の違いも許されないものである. そこに描かれたことは，そのとおりに受け取られなければならない. いったん描かれた図面は，それについて説明したり補足したりすることはまずできないからである. われわれは製図を学ぶに際し，まずこのことを十分に理解しておかなければならない.

　図 1-8，**図 1-9**　とはいっても，品物のなかにはずいぶん複雑な形をしていたりして描きにくいものも多く，このような場合では，製図の時間と手間を省くために，省略した描き方が用いられる. たとえば**図 1-8**や**図 1-9**に示したねじや歯車などでは，規則を定めてねじ山や歯形を省略して簡単に描くことなどが行われる. このような描き方を**略画法**という.

01-5 製図規格について

表 1-1 日本の製図規格の歩み

制定年	規格略号	規格名(規格番号)	備　考
1930	JES	製図 (JES 第 119 号)	―
1943	臨 JES	製図 (臨 JES 第 428 号)	―
1952	JIS	製図通則 (JIS Z 8302)	1984 廃止
1956	JIS	ねじ製図 (JIS B 0002)	1998 改正
		歯車製図 (JIS B 0003)	2012 改正
		ばね製図 (JIS B 0004)	2007 改正
		転がり軸受製図 (JIS B 0005)	1999 改正
1958	JIS	機械製図 (JIS B 0001)	2019 改正
		土木製図 (JIS A 0101)	2012 改正
		建築製図通則 (JIS A 0150)	1999 改正
1984	JIS	製図総則 (JIS Z 8310)	2010 改正

表 1-2 製図規格体系中の主要な規格

規格分類	規格番号	規格名称
総則	Z 8310：2010	製図総則
用語	Z 8114：1999	製図－製図用語
①基本的事項に関する規格	Z 8311：1998	製図－製図用紙のサイズ及び図面の様式
	Z 8312：1999	製図－表示の一般原則－線の基本原則
	Z 8313 - 0～2：1998, - 5：2000, - 10：1998	製図－文字－第 0 部～第 2 部, 第 5 部, 第 10 部
	Z 8314：1998	製図－尺度
	Z 8315 - 1～4：1999	製図－投影法－第 1 部～第 4 部
②一般的事項に関する規格	Z 8316：1999	製図－図形の表し方の原則
	Z 8317 - 1：2008	製図－寸法及び公差の記入方法－第 1 部
	Z 8318：2013	製品の技術文書情報(TPD)－長さ寸法及び角度寸法の許容限界の指示方法
	B 0021：1998	製品の幾何特性仕様(GPS)－幾何公差表示方式－形状, 姿勢, 位置及び振れの公差表示方式
	B 0022：1984	幾何公差のためのデータム
	B 0023：1996	製図－幾何公差表示方式－最大実体公差方式及び最小実体公差方式
	B 0031：2003	製品の幾何特性仕様(GPS)－表面性状の図示方法
	B 0401 - 1～2：2016 (※ p.124 参照)	製品の幾何特性仕様(GPS)－長さに関わるサイズ公差の ISO コード方式－第 1 部～第 2 部

　このように図面は,「これこれしかじかの品物をつくれ」という, 命令の形で作成される. したがってそこには命令の発信者と受信者が存在することになる.

　発信者の側からすれば, 図面はなるべく簡便に表示することが望ましく, 一方受信者の側からすれば, できるだけ詳細かつ具体的な情報が盛られていることが望ましい. この矛盾を解決するために, たとえば前ページで述べたような略画法や, その他の慣用画法が考案され用いられてきた.

　ところがこのような簡略図示法は, 工業活動の世界が狭かったころはまだよかったが, その範囲が日々に拡大されて, 技術も進歩してきたために, 簡略図示の一義性がだんだんに薄れ, 勝手な解釈がされるようになり, 種々のトラブルの発生を見るようになった.

　とくに第 1 次, 第 2 次世界大戦において, 図示法が不統一である結果, 不良品の発生が続出して非常な混乱を生じた.

　これらの原因は, 発信した図面の内容が受信者に正しく伝わらなかったことにある. この苦い経験から, 戦後, 各国において, 製図の方式を統一すべく, 標準化への機運が芽生えた.

　わが国でも同様であり, 戦前では JES, 臨 JES などの製図規格がつくられたが, 戦後, 平和産業に急転換したことにふさわしい規格を必要とするようになり, そのころ公布された工業標準化法にもとづき, 1952 年に製図通則(JIS Z 8302)がつくられ, またその後, 国際規格である ISO の製図規格にもとづき, 徐々に製図規格の体系が整備され, 今日に至った.

　表 1-1　日本の製図規格の歩みを示す.

　表 1-2　その製図規格体系中の主要な規格を示したものである.

JES：Japanese Engineering Standards の略. ジェスと読む.
J I S：Japanese Industrial Standards の略. ジスと読む.
ISO：International Organization for Standardization の略.
　　イソと読む.

01-6 図面の構成要素

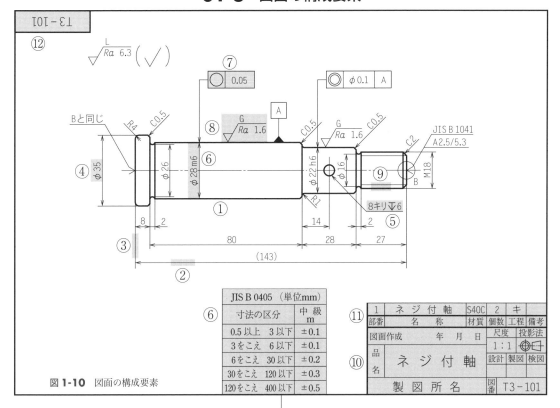

図 **1-10** 図面の構成要素

JIS B 0405 （単位mm）	
寸法の区分	中　級 m
0.5 以上　3 以下	±0.1
3 をこえ　6 以下	±0.1
6 をこえ　30 以下	±0.2
30 をこえ　120 以下	±0.3
120 をこえ　400 以下	±0.5

1	ネジ付軸	S40C	2	キ
部番	名　　称	材質	個数	工程	備考

すでに述べたように，図面というものは，つくるべき品物の形や大きさ，その他のことがらを，できるだけ簡単な方法で，しかも完全に表現しなければならないが，このようなことは図形だけでは不可能で，そのほか文字や記号などを用いて，具体的かつ明りょうに示すこととしている．

図 **1-10**　本章の最初に示した図面の例においても，このような簡単な図でも，この図に示すように，まず ① **図形** が描かれ，② **寸法線** および ③ **寸法補助線** を用いて ④ **寸法数値** が記入される．そして ⑤ **加工法**，⑥ **寸法公差**，⑦ **幾何公差**，⑧ **表面性状** その他の注記事項が示され，またねじ部などは ⑨ **略画法** を用いて描かれている．またこれらの他，⑩ **表題欄** とか ⑪ **部品欄** なども必要であり，これには整理その他の目的で ⑫ **図面番号** も付けておかなければならない．

単純な図面でもこの程度の項目の記入は必要で，複雑な図面になればなるほど，図面の構成要素もそれだけ複雑多岐に及ぶわけである．

すなわち，このような構成要素をすべて備えたものが図面であり，これらの何か一つでも欠ければ，図面の一義性は失われるわけで，図面の仕上げには慎重の上にも慎重でなければならないことがわかるであろう．

上記の構成要素のうち，初学者には理解しにくい用語があるので，詳細な説明はあとにゆずるが，ここでごく簡単に説明しておこう．

⑥ **寸法公差**　一般に工業製品では，定められた寸法どおりきっちり仕上げることは困難なので，仕上がった寸法にある程度幅をもたせるが，これを寸法に公差を与えるという（**7 章**参照）．

⑦ **幾何公差**　同上のことを寸法だけでなく，品物の形状や位置についても定めたもの（**8 章**参照）．

⑧ **表面性状**　品物の表面のさまざまな幾何学的特性の総称（**9 章**参照）．

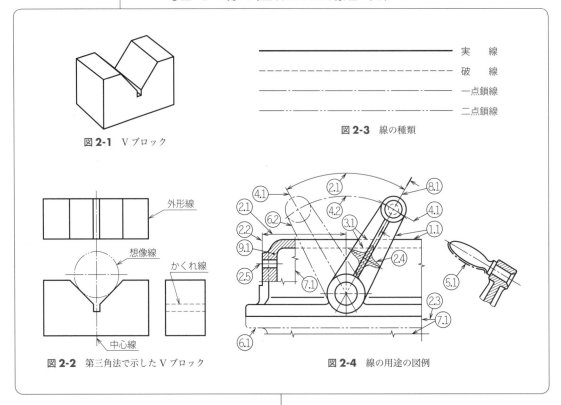

図2-1　Vブロック

図2-3　線の種類

図2-2　第三角法で示したVブロック

図2-4　線の用途の図例

　図2-1　いま図示のような品物の場合を考えてみよう．これはV形の溝をもっているところからVブロックと呼ばれ，定盤（検査などに用いる鋳鉄製の平らな盤）の上で丸棒などを支えたりするのに使用されるものである．

　図2-2　上図のVブロックを，後述する第三角法という方法（p.019参照）で描いたものである．この図において，品物の外形（稜線）を表した線を**外形線**といい，外形線には，このような連続した切れ目のない線（**実線**）を用いることになっている．この外形線には，図の中で目立つように，太い線が用いられる．

　側面の図のほうを見ると，V形溝の底部を表している線には，短い線がわずかのすきまをあけて引かれているが，この線を**破線**という．この破線は，かくれて見えない部分を示すのに用いる線であるから，**かくれ線**と呼ばれる．

　次に，正面の図とその上の図を見ると，図形の中心に，やや長い線とごく短い線が互いに繰

り返された線が用いられており，この線を**一点鎖線**と呼ぶ．この場合では，図が対称図形であり，その対称中心を示すために用いられるものであるから，これを**中心線**と呼ぶ．

　なお，正面の図のV形溝の上には，やや長い線と，二つのごく短い線とを並べた線で円が描かれており，これを**二点鎖線**と呼ぶ．この場合ではVブロックの使用法を参考までに描いたもので，このような線を，**想像線**と呼ぶ．

　図2-3　このように，線には図示のような四つの種類がある．また，線には太い線と細い線の2種類があり，その太さの比率は，2:1とすることになっている（極太線を除く）．

　線の太さは，0.13, 0.18, 0.25, 0.35, 0.5, 0.7, 1, 1.4および2mmの中から選び，同一の図面では，線の種類ごとに太さをそろえて引く．

　図2-4　この図に，これらの線の用途を示す．図中の丸数字の番号は，**表2-1**の照合番号を示している．

表 2-1　線の種類および用途（JIS B 0001：2019 より抜粋）

線の種類	形　　状	用途による名称	線　の　用　途	図 **2-4** との照合番号
太い実線	———	外 形 線	対象物の見える部分の形状を表すのに用いる．	1.1
細い実線	———	寸 法 線	寸法を記入するのに用いる．	2.1
		寸法補助線	寸法を記入するために図形から引き出すのに用いる．	2.2
		引 出 線	記述・記号などを示すために引き出すのに用いる．	2.3
		回転断面線	図形内にその部分の切り口を 90°回転して表すのに用いる．	2.4
		中 心 線	図形に中心線（4.1）を簡略化して表すのに用いる．	2.5
		水 準 面 線[*1]	水面，液面などの位置を表すのに用いる．	—
細い破線または太い破線	- - - - - - -	かくれ線	対象物の見えない部分の形状を表すのに用いる．	3.1
細い一点鎖線	—·—·—	中 心 線	（1）　図形の中心を表すのに用いる．	4.1
			（2）　中心が移動する中心軌跡を表すのに用いる．	4.2
		基 準 線	特に位置決定のよりどころであることを明示するのに用いる．	—
		ピッチ線	線返し図形のピッチをとる基準を表すのに用いる．	—
太い一点鎖線	—·—·—	特殊指定線	特殊な加工を施す部分など特別な要求事項を適用すべき範囲を表すのに用いる．	5.1
細い二点鎖線	—··—··—	想 像 線[*2]	（1）　隣接する部分または工具・ジグなどの位置を参考に示すのに用いる．	6.1
			（2）　可動部分を，移動中の特定の位置または移動の限界の位置で表すのに用いる．	6.2
		重 心 線	断面の重心を連ねた線を表すのに用いる．	—
不規則な波形の細い実線またはジグザグ線	～～～	破 断 線	対象物の一部を破った境界，または一部を取り去った境界を表すのに用いる．	7.1
細い一点鎖線で，端部および方向の変わる部分を太くした線[*3]		切 断 線	断面図を描く場合，その断面位置を対応する図に表すのに用いる．	8.1
細い実線で，規則的に並べたもの	//////	ハッチング	図形の限定された特定の部分を他の部分と区別するのに用いる．例えば，断面図の切り口を示す．	9.1

〔注〕　[*1]　JIS Z 8316：1999（製図—図形の表し方の原則）には，規定されていない．
　　　　[*2]　想像線は，投影法上では図形に現れないが，便宜上必要な形状を示すのに用いる．また，機能上・加工上の理解を助けるために，図形を補助的に示すためにも用いる（たとえば，継電器による断続関係付け）．
　　　　[*3]　他の用途と混用のおそれがないときは，端部および方向の変わる部分を太くする必要はない．
〔備考〕　細線，太線および極太線の太さの比率は，1：2：4 とする．その他の線の種類は，JIS Z 8312：1999（製図—表示の一般原則—線の基本原則）または JIS Z 8321：2000（製図—表示の一般原則—CAD に用いる線）によるのがよい．

02-3　製図の文字（漢字）

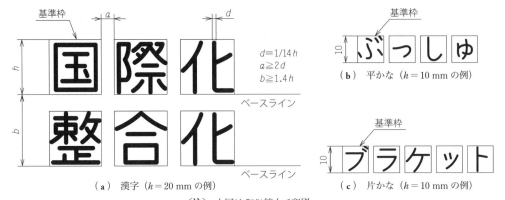

基準枠
a
d
h
b
国際化
整合化
d=1/14h
a≧2d
b≧1.4h
ベースライン
ベースライン
基準枠
10
ぶっしゅ
基準枠
10
ブラケット

（a） 漢字（h＝20 mm の例）　（b） 平かな（h＝10 mm の例）　（c） 片かな（h＝10 mm の例）

〔注〕 上図は70%縮小で印刷.

図 2-5　文字の基準枠

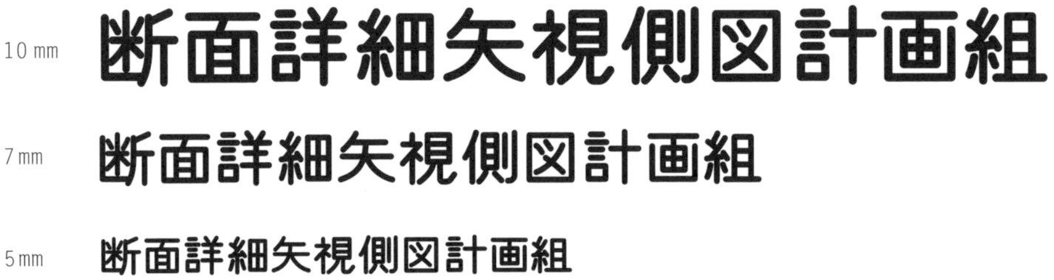

10 mm　断面詳細矢視側図計画組
7 mm　断面詳細矢視側図計画組
5 mm　断面詳細矢視側図計画組

図 2-6　漢字の例

図 2-5　図面には，図形とともに，それを説明する文字が書かれる．文字は，図形と同様に，簡明かつ説得力のある表現を選び，長々しい注記などはしてはならない．

また，1字1字を正確に，読みやすく，かつ図形に適した太さと大きさでそろえて書くことが必要であり，文字も，図形を表した線の濃度にそろえて書くのがよい．

一般に図面情報の保存，検索，利用の合理化のために，マイクロフィルム化や，電子ファイル装置に図面を記憶させることが行われるようになったので，それに適した表現でなければならない．すなわち，文字の濃淡，文字の間隔などが重要なポイントとなる．

図面に用いる文字は，漢字，かな文字，ラテン文字*，数字および記号がある．

国内で使用する図面では，やはり日本語を使用するのが最も便利であるが，図面の国際化の見地からいえば，漢字やかな文字の使用は望ましくない．

外国向けの図面の場合には，英語もしくはその国の言葉を使用し，日本語の使用はつつしむべきである．

漢字の種類と使い方は，常用漢字表による．なるべくやさしい表現を用い，画数の多いもの（16画以上）は，できるだけ別の用語とするか，かな書きとするのがよい．

図 2-6　漢字の大きさ（文字高さ）は，図に示す基準枠（正方形）の高さ（**h**）で呼ばれ，次の4種類の中から適当な大きさを選ぶ．

3.5，5，7，10 mm

ただし，3.5 mm のものは，複写の方法によっては適さないので用いないほうがよい．とくに，鉛筆書きの場合は注意する．

* 機械製図（JIS B 0001）では，2010年の改正時に“ローマ字”という表記を“ラテン文字”と変更している．

02-4　製図の文字（かな・数字・ラテン文字）

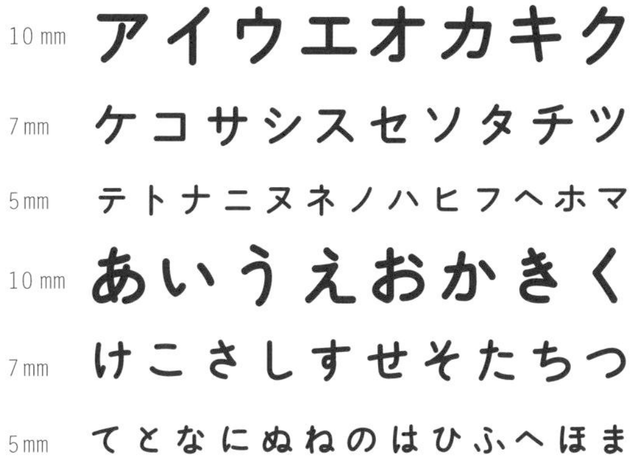

10 mm　**アイウエオカキク**

7 mm　**ケコサシスセソタチツ**

5 mm　**テトナニヌネノハヒフヘホマ**

10 mm　**あいうえおかきく**

7 mm　**けこさしすせそたちつ**

5 mm　**てとなにぬねのはひふへほま**

図 2-7　かなの例

10 mm　*12345677890*

5 mm　*12345677890*

7 mm　*ABCDEFGHIJKLM*

NOPQRSTUVWXYZ

aabcdefghijklmnopqr

stuvwxyz

図 2-8　ラテン文字および数字の例（A 形斜体）

〔注〕　上図は 70％縮小で印刷

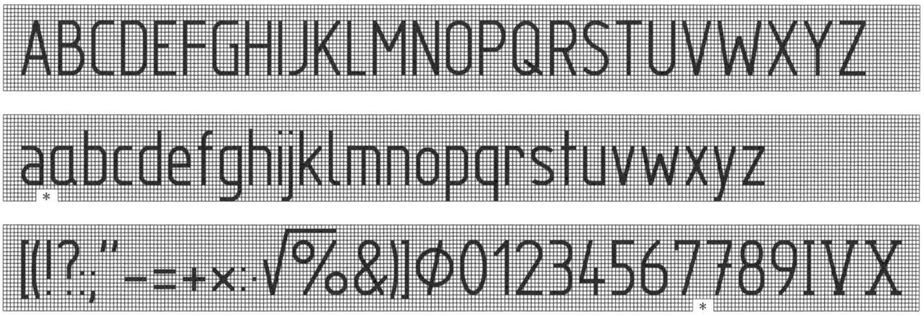

ABCDEFGHIJKLMNOPQRSTUVWXYZ

aabcdefghijklmnopqrstuvwxyz

[(!?.,;"–=+×:√%&)]Φ01234567789IVX

〔注〕　＊a および 7 の字形は，上記どちらもレタリングの規定に一致している．

図 2-9　A 形直立体文字の書体

図 2-7　かなは，平がなまたは片かなのいずれかを用い，混用は避ける．ただし平がな文中の外来語の片かなは，混用とはみなさない．かな，数字，ラテン文字の大きさは，漢字の場合と同様に，一般に文字の外側輪郭が収まる基準枠の高さ h の呼びによって表し，次の大きさが定められている．

2.5，3.5，5，7，10 mm

ただし，2.5 mm のものは，複写の方法によっては適さないので用いないほうがよい．

なお，他のかなに小さく添える "ゃ"，"ゅ"，"ょ"〔よう（拗）音〕，つまる音を表す "っ"（促音）など小書きにするかなは，他の文字の大きさの 0.7 の比率とする．

図 2-8　図面に記入する寸法その他には，数字が用いられる．また，種々な記号や略号には，ラテン文字の大文字が用いられる．ただし，とくに必要がある場合には，小文字も用いられることがある．

これらの数字やラテン文字には，JIS では，文字を構成する線の太さにより A 形および B 形があり，かつそれぞれに直立体ならびに斜体の書体を定めている（ここでは，一般に最も多く用いられる A 形斜体だけを示した）．

A 形書体では，線の太さ d は，文字高さ h の 1/14 であり，B 形書体では同じく 1/10 と規定されている．この場合の文字高さの呼びは，上記かなの場合と同じである．

文字は，A 形でも B 形でもよく，また直立体でも，右に 15° 傾けた斜体でもよいが，一連の図面では，同じ書体を用い，混用しない．ただし，量記号は斜体，単位記号は直立体とする．

図 2-9　A 形直立体文字の書体の割り付け関連寸法の出し方を示す．

02-5 図面の様式と尺度

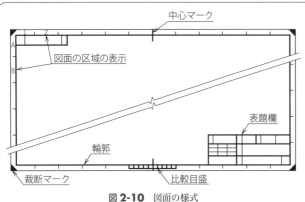

図2-10 図面の様式

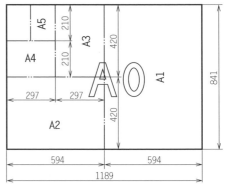

図2-11 製図用紙の大きさ

表2-2 製図用紙のサイズ

（a）A列サイズ（第1優先）（単位mm）

呼び方	寸法 $a \times b$
A0	841×1189
A1	594×841
A2	420×594
A3	297×420
A4	210×297

（b）特別延長サイズ（第2優先）（単位mm）

呼び方	寸法 $a \times b$
A3×3	420×891
A3×4	420×1189
A4×3	297×630
A4×4	297×841
A4×5	297×1051

表2-3 推奨尺度（JIS Z 8314：1998）

種別	推 奨 尺 度		
現 尺	1：1		
倍 尺	50：1　20：1　10：1 5：1　2：1		
縮 尺	1：2　1：5　1：10 1：20　1：50　1：100 1：200　1：500　1：1000 1：2000　1：5000　1：10000		

図2-10 図面には，その管理の必要上，図形以外にも，図示したように輪郭，表題欄その他を設け，その様式を一定に整えておかなければならない．以下，順を追ってこれらのものについて説明する．

図2-11 JISに定められた紙の仕上がり寸法には，A列とB列とがあり，それぞれ0番から10番までが定めてあるが，製図では，これらのうちA列の0番から4番までのサイズを用いることに定めてある．

これらのどのサイズでも，幅と長さの比は，$1：\sqrt{2}$ の関係になっている．

表2-2 JISに定められた製図用紙のサイズを示す．同表（a）は，一般の製図に使用するものである．

なお，長い品物を製図する場合などでは，必ずしも大判サイズの用紙を用いる必要はなく，このような場合には同表（b）に示す特別延長サイズの用紙から選んで用いればよい．これらの

サイズは，それぞれ基礎であるA列の用紙の短辺を，3，4，5のような整数倍の長さに延長したものである．ちなみに，縦に長い品物の場合でも，これを横に倒して横長の図面として製図するのがよい．

表2-3 製図の対象となる品物には，さまざまな大きさのものがあるので，使用する用紙のサイズと，描かれる品物の大きさは，なるべく釣り合いがとれており，かつ空白が少ないことが望ましい．そのためには，選ばれた用紙のサイズに対し，品物の大きさのほうを適当に縮小したり拡大したりして，用紙にうまく収まるようにすればよい．

このように，実物と図面に描かれた大きさの割合のことを**尺度**といい，実物を縮小して描くときを**縮尺**，拡大して描くときを**倍尺**，実物どおりの大きさで描くときを**現尺**という．

これらの尺度は，任意の値とせず，表に示したものの中から選んで使用する．

02-6　図面の大きさ・表題欄

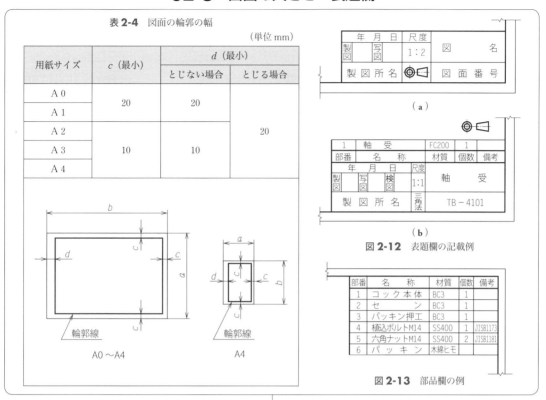

表2-4　図面の輪郭の幅

（単位 mm）

用紙サイズ	c（最小）	d（最小）	
		とじない場合	とじる場合
A 0	20	20	
A 1	20	20	
A 2			20
A 3	10	10	
A 4	10	10	

A0～A4

A4

図2-12　表題欄の記載例

（a）

（b）

図2-13　部品欄の例

表2-4　図面には，図形を描くほか，その領域を明確にするため，ならびに用紙の損傷による記載事項の消失を防ぐために，その周辺に輪郭を設ける．表示における c および d は，輪郭線を引く場合の余白の寸法を示したものであって，輪郭線を引かない場合であっても，これ以上の余白を設けなければならない．この輪郭線の太さは，0.5 mm 以上とする．

図面を折りたたんだときには，その大きさはA4 の大きさになるようにする．

なお d の部分は，図面をとじるために折りたたんだとき，表題欄の左側になる側に設ける．ただし A4 を横置きで使用する場合には，上側になる．

図2-12　図面の記載内容その他の事項を，一覧にして示すために，図面の右下隅に，**表題欄**を設けることになっている．これには次のような事項をまとめて記入する．

図面番号，図名，企業（団体）名，製図者または責任者の署名，図面作成年月日，尺度，投影法．

図は，表題欄の例を示す．各企業や学校によって，いろいろ工夫され，一般に輪郭その他と一緒に印刷して使用されることが多い．

表題欄への記入要領を示すと，次のとおりである．

①　図面番号（図番）欄は，表題欄の最も右下に設け，その図面の固有番号を記入する．

この図面番号は，表題欄に示すほか，さらに図面の左上の隅に，さかさまに記入しておくのがよい（p.007 図 **1-10** ⑫ 参照）．

②　使用した投影法の区別を，表題欄の中，あるいはその付近に，記号を用いて記入する（これについては後述する）．

図2-13　表題欄の上，または適当な個所に，図のような**部品欄**を作成し，図示された各部品に関する諸事項（部品番号・名称・材質・製造個数その他）を，一括して記載する．

02-7 輪郭線の付属要素

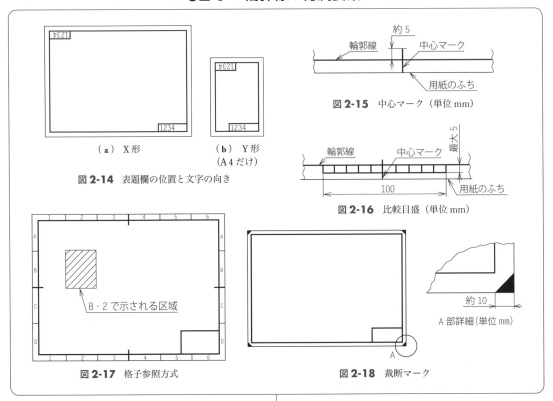

（**a**）X形 　　 （**b**）Y形
（A 4 だけ）

図 2-14 表題欄の位置と文字の向き

図 2-15 中心マーク（単位 mm）

図 2-16 比較目盛（単位 mm）

図 2-17 格子参照方式

図 2-18 裁断マーク

A 部詳細（単位 mm）

図 2-14 一般の図面では，その長手方向を左右方向に置いた位置を正位とする（これを X 形という）のであるが，A 4 の図面に限って，その長手方向を上下方向に置いてもよい（これを Y 形という）．

図面をこのような位置に置いたうえで，その輪郭線に沿った右下に表題欄を置くのであるが，この中に記入する文字は，この位置における読む向きに記入することになっている．

また図面番号欄は，最も読みやすいように，表題欄の中で最も右下に設け，その長さは 170 mm 以下とする．

図 2-15 図面の中心を示すために，図面の上下左右の中央に，用紙の端から輪郭線の内側約 5 mm まで，**中心マーク**というこれと直角な線（太さ 0.5 mm）を引いておくことになっている．このマークは，図面のマイクロフィルム撮影や，複写するときなどの中心合わせに利用することができる．

図 2-16 図面を縮小または拡大したときの便宜のために，図面には図示のような比較目盛を設けておくと便利なことが多い．

比較目盛は，図面の下側の輪郭線の外側に，中心マークを利用して，目盛の間隔が 10 mm で，100 mm 以上の長さとし，線の太さは 0.5 mm，長さは 5 mm 以下とする．

図 2-17 図面中の特定部分の位置を指示するときの便宜のため，図示のように四周の輪郭線を等分して線を引き，これに数字やラテン文字などを用いて，対応する区分番号を記入しておくのがよい．これを**格子参照方式**といい，地図などで古くから用いられてきた方法である

格子の区域はその区分番号の組合わせにより，たとえば B-2 のように呼ぶ．

図 2-18 複写された図面は，一般に所定の仕上がり寸法に裁断して使用されるため，あらかじめその位置を示す裁断マークを記入しておくのがよい．

練習問題

線の練習

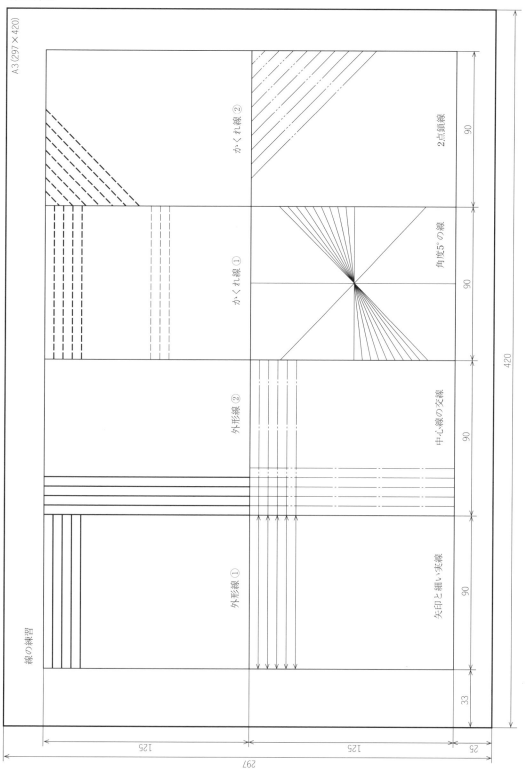

線の練習

A3（297×420）

外形線 ①
外形線 ②
かくれ線 ①
かくれ線 ②

矢印と細い実線
中心線の交線
角度5°の線
2点鎖線

33　90　90　90　90

125　125　25

297

420

手描き文字の練習

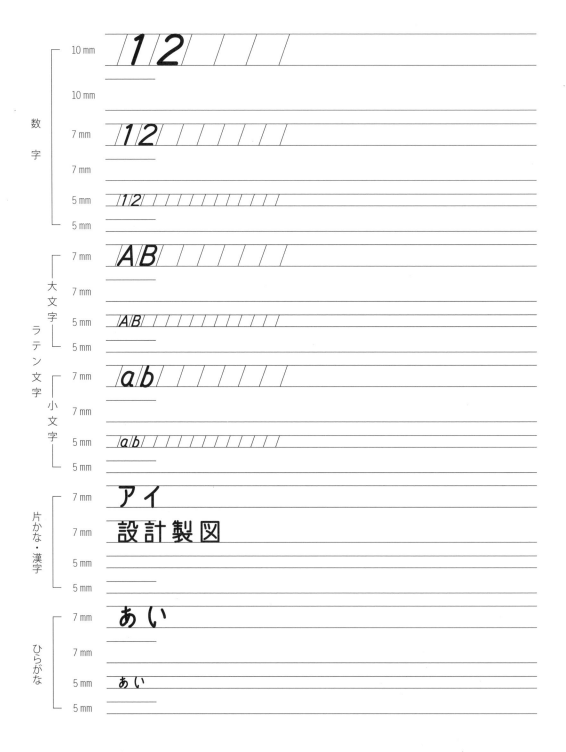

03章 投影法

03-1 投影法の種類

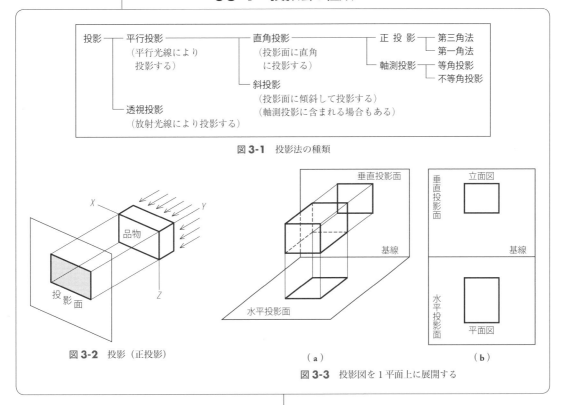

図3-1 投影法の種類

図3-2 投影（正投影）

（a）

（b）

図3-3 投影図を1平面上に展開する

　一般に立体である品物を，図面という1枚の平面上に，最も正確に表現するためには，**投影**という方法が用いられる．

　投影というのは，前述のガスパール・モンジュの創案した方法で，現在では**図法幾何学**という学問において研究が行われているが，これが製図の理論的根拠になっている．投影面の前に品物を置き，これに光線を当て，その投影面に映じる品物の影を写しとるのがその原理である．

　図3-1　投影には，そのときの光線の状態，投影面と光線の角度，投影面と品物の位置や角度などによって，表示のようないくつかの方法があり，それぞれの方法によって得られた図を，**投影図**という．

　たとえば用いる光線には，太陽光線のような平行光線と，電灯光線のように一点から放射する放射光線がある．

　また，投影面に直角に光線を当てる場合と，角度をもたせる場合があり，さらに品物の面を

投影面に直角に置く場合と，角度をもたせて置く場合など，さまざまな方法がある．

　図3-2　これらのうちで最も一般に用いられるものは，図示したように，投影面に対して品物を直角に置き，平行光線を用い，これを投影面に対して直角に当てて投影を行う方法で，これを**正投影**という．

　図3-3　正投影では，1回の投影で得られる投影図は，品物の1面だけであるので，図（a）に示すように，互いに直交するいくつかの投影面を用意し，それぞれに同様に投影を行ったのち，これを図（b）に示すように，1平面上に展開し，それぞれの投影図の関連により，立体を表現するのである．

　この方法は，**複面投影**ともいわれ，単面の投影ですむ他の方法よりやや手数を要するが，立体図形を最も正確に表現するのに適しているので，工業用の図面においては，ほとんどこの投影の方法を用いて図面を作成している．

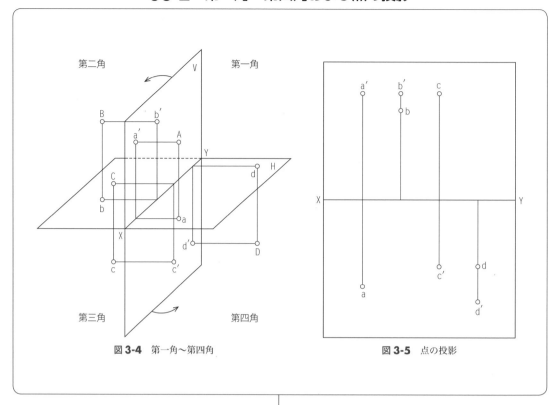

図3-4 第一角～第四角

図3-5 点の投影

　図3-4　品物の形を表現するとき，その最も小さい要素をなすものは点である．数学上では，点は，位置だけを有して大きさのないものとされているが，図法幾何学上では，便宜上小さくはあっても，ある程度の大きさのあるものとして扱うこととする．

　さて，投影について学ぶ第一歩として，点の投影について考えてみよう．

　図において，水平投影面（記号Hで表す），ならびに垂直投影面（記号Vで表す）という二つの平面を直角に交わらせると，空間が四つに仕切られる．これを，右上から左回りに，それぞれ第一角，第二角，第三角，第四角と名付ける．また，この二つの平面の交わる線を，基線といい，記号XYで表す．

　このとき，点Aは第一角，点Bは第二角，点Cは第三角，点Dは第四角にあるものとする．この点A，B，C，Dを投影図で表すためには，これらの各点から，それぞれ水平投影面

Hおよび垂直投影面Vに対して垂直な投影線を描く．このようにすれば，これらの投影線と投影面の交点が，点A，B，C，Dのそれぞれの投影図となる．

　図3-5　このような立体図では，各点の正しい位置関係がわかりにくいので，これらの二つの平面を一平面になるように展開すれば，図示のようになる．こうすることにより，次のような定義が成り立つ．

　第一角にある点Aでは，垂直投影図a′は，基線より上に，水平投影図aは，基線より下に現れる．

　第二角にある点Bでは，垂直投影図b′，水平投影図bともに，基線より上に現れる．

　第三角にある点Cでは，垂直投影図c′は，基線より下に，水平投影図cは，基線より上に現れる．

　第四角にある点Dでは，垂直投影図d′，水平投影図dともに，基線の下に現れる．

03-3 第一角法と第三角法

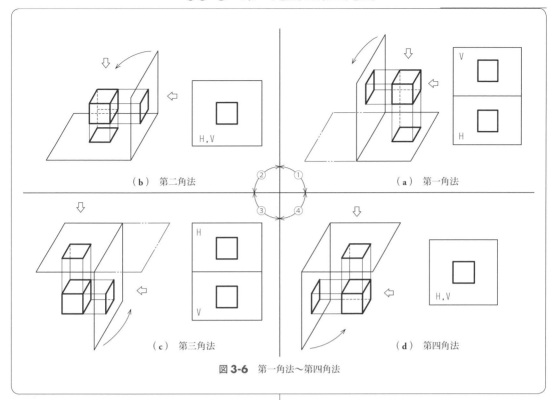

図 **3-6** 第一角法〜第四角法

図 **3-6** 投影の約束によって，投影が終わったのち，いずれか一方の投影面を，反時計回りに 90° 回転させて，一平面上に展開して表すのであるが，この場合注意しなければならないことは，第一角〜第四角のいずれにおいても，投影は図の白い矢印の方向（上および右からの方向）から見て行うので，投影図は投影面の表だけでなく裏にも描かれるということである．

前ページでは，点を小さな白丸で表したが，これをもっと拡大解釈して，小さな立方体であるとしてこの問題を考えてみよう．

図（**a**）のように，第一角にこの立方体を置いて投影を行う方法（これを**第一角法**といい，以下同様に呼ぶ）では，いまかりに図の白い矢印から見た面を投影面の表であるとすれば，垂直・水平投影図とも，投影面の表側に描かれることになり，垂直投影図は基線の上に，水平投影図は基線の下に描かれている．

次に，図（**b**）の第二角法では，水平投影図は投影面の表側に描かれるが，垂直投影図のほうは，裏側に描かれることになる．この場合，投影面が紙のように不透明では具合が悪いので，ガラスなどのように透明なものと考えればよい．そこで投影が終わって垂直投影面を回転させると，二つの投影図は重なり合って描かれる．

ところで図（**c**）の**第三角法**では，両投影図とも，投影面の裏側に描かれることになるので，投影が終わって画面を展開すると，今度は第一角法の場合とは反対に，水平投影図が基線の上に，垂直投影図が基線の下に描かれている．

図（**d**）の第四角法は，第二角法と同様に，両投影図が重なって描かれる．

このように第一角法と第三角法では，投影図の配置が逆になるが，製図においては，4 章で述べるように，第三角法のほうが，種々の点で有利なので，第三角法を用いることが多い．本章においても，以下すべて第三角法によって投影を学んでいくこととする．

03-4　直線の投影（1）

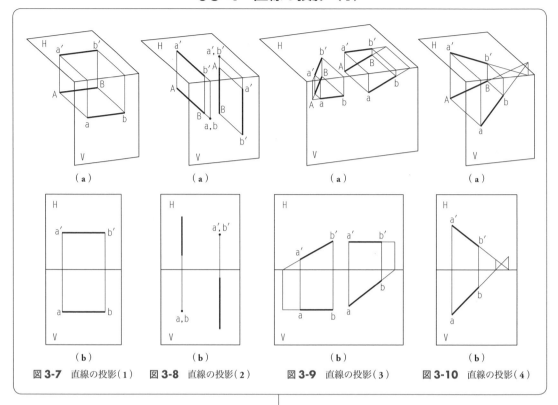

図 3-7　直線の投影（1）　　図 3-8　直線の投影（2）　　図 3-9　直線の投影（3）　　図 3-10　直線の投影（4）

　線は，点の移動した軌跡であって，直線と曲線とに分けられるが，ここでは直線の投影について考えてみよう．

　実際の作図では，その直線上の任意の2点をそれぞれ投影し，それらの投影図を直線で結べば，その直線の投影図が得られる．

　図 3-7　求める直線が，水平・垂直の両投影面に対して平行である場合，垂直投影図，水平投影図のいずれの投影図も，基線に対して平行となって現れる．

　図 3-8　求める直線が，水平投影面あるいは垂直投影面のいずれか一方に平行で，他の一方に垂直である場合，平行である面への投影図は基線に対して垂直となり，垂直である面への投影図は，点となって現れる．

　図 3-9　求める直線が，水平投影面あるいは垂直投影面のいずれか一方に平行で，他の一方に対して傾斜している場合には，投影図は，傾斜しているほうの投影面には，基線に対して

平行に現れ，平行なほうの投影面には，基線に対して角度をもって現れる．

　図 3-10　求める直線が，水平投影面および垂直投影面のいずれに対しても傾斜しているときには，投影図は，いずれも基線に対して角度をもって現れる．

　直線の投影図は，これらのことからわかるように，求める直線が，水平投影面あるいは垂直投影面に対して平行でないときには，その直線，あるいはその延長が，必ず垂直投影面あるいは水平投影面の，どちらか一方，またはその双方と交わることになる．

　この交わる点すなわち交点を，その直線の**跡**（せき）といい，水平投影面に対する直線の跡を，**水平跡**，垂直投影面に対する直線の跡を，**垂直跡**という．また，この直線と投影面が角度を有している場合，この角度を直線の**傾角**といい，水平投影面とのなす角を**水平傾角**，垂直投影面とのなす角を**垂直傾角**という．

03-5 直線の投影 (2)

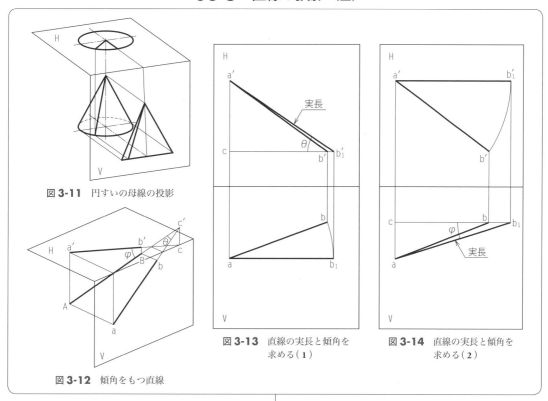

図3-11 円すいの母線の投影

図3-12 傾角をもつ直線

図3-13 直線の実長と傾角を求める(1)

図3-14 直線の実長と傾角を求める(2)

　求める直線が，前掲の**図3-9**のように，水平投影面あるいは垂直投影面のいずれか一方に平行であるならば，傾角をもって現れる投影図は，その直線の実長を表し，その傾角は，その実角を表している．

　しかし，**図3-10**のように，水平投影面，垂直投影面のいずれに対しても傾角をもっている場合には，その投影図には実長も実角も現れない．したがってこのような投影図から，その実長，実角を求めるには，次のようにして行えばよい．

　図3-11　図示の直円すいにおいて，実際の母線（頂点と底面を結んだ直線）は，底面のどの部分に引かれようとも同じ長さ（実長）を示すが，垂直投影図上では，いろいろに変化し，投影面に平行な半径の位置において最大となり，実長を示す．

　したがって，このような傾角をもつ直線の場合には，求める直線を水平投影面，あるいは垂

直投影面のいずれか一方に平行になるまで回転して投影を行えば，その実長および実角が求められることになる．

　図3-12　図示の直線 AB は，第三角にあり，垂直，水平の両投影図に対して，それぞれ θ，φ の傾角をもっている．これらの投影図から，この直線の実長，実角を求めてみよう．

　図3-13　まず垂直投影面において，a を中心とし，ab を半径とする円を描いて，ab_1 が基線と平行になる点 b_1 を求める．この点の水平投影図を b_1' とすると，$a'b_1'$ は求める直線 AB の実長となり，$\angle cb_1'a'$ は求める直線の垂直傾角 θ となる．

　図3-14　次に今度は水平投影面において，a' を中心とし，$a'b'$ を半径とする円を描いて $a'b_1'$ が基線と平行になる点 b_1' を求める．この点の垂直投影図を b_1 とすると，ab_1 は求める直線の実長となり，$\angle cb_1a$ は求める直線の水平傾角 φ となる．

03-6 面の投影

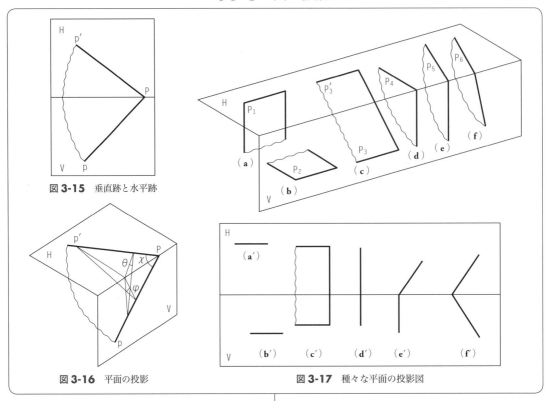

図 **3-15** 垂直跡と水平跡

図 **3-16** 平面の投影

図 **3-17** 種々な平面の投影図

図 **3-15**　平面の投影においては，直線によるその輪郭を考え，それらの1本1本の投影を行い，それらに囲まれたものが，その平面の投影図となる．したがって輪郭をもたない平面では，投影図を描くことが困難になる．

そこで，輪郭をもたない平面では，その平面と投影面が交わる交線を，その平面の輪郭と考えることとする．そしてその交線のうち，垂直投影面となす交線を，その平面の**垂直跡**といい，同じく水平投影面となす交線を，その平面の**水平跡**という．

図 **3-16**　この平面の投影図において，平面をPとすれば，垂直跡はP–pで表され，水平跡はP–p′で表される．

また，垂直投影面と平面Pとのなす角を**垂直傾角** (φ)，水平投影面とのなす角を**水平傾角** (θ) という．

またこの場合，平面P上において，垂直跡と水平跡にはさまれた角，すなわち∠pPp′を，**開角**という．

図 **3-17**　平面の投影において，そのいくつかの代表的な例を示せば，次のようになる．

（**a**）　垂直投影面に平行で，水平投影面に垂直な平面では，その投影図は，基線に対して平行な水平跡だけを有する．

（**b**）　垂直投影面に垂直で，水平投影面に平行な平面では，その投影図は，基線に対して平行な垂直跡だけを有する．

（**c**）　垂直，水平の両投影面いずれにも傾角をもつが，垂直跡，水平跡がいずれも基線に対して平行である平面．

（**d**）　垂直，水平の両投影面に垂直な面では，基線に対して垂直な共通した脚をもつ垂直跡と水平跡を有する．

（**e**）　垂直投影面，水平投影面のいずれかに垂直であるが，他の投影面に傾角をもつ平面．

（**f**）　垂直，水平のいずれの投影面に対しても傾角をもつ平面．

03-7 平面図形の投影

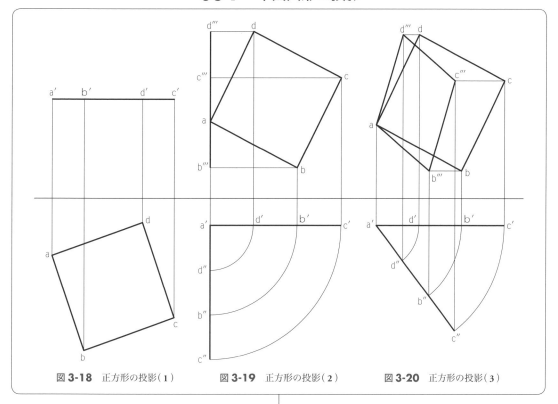

図3-18 正方形の投影（1）　　図3-19 正方形の投影（2）　　図3-20 正方形の投影（3）

図3-18 水平投影面に垂直であって，垂直投影面において傾斜している正方形の投影を行ってみよう．

平面図形の投影は，直線の投影を結合したものにほかならないから，まず垂直投影面に，与えられた傾角を有する実長の辺を引き，これを1辺とする正方形 abcd を描けば，垂直投影図が得られる．

次に基線より与えられた距離を有し，これに平行な直線上に a，b，d，c の各点の水平投影図を求め，これを直線で結べば，a'b'd'c' はこの正方形の水平投影図である．

このように平面図形が投影面に平行であるときは，一方の投影図は直線となり，他の投影面にはその実形が現れる．

図3-19 垂直，水平両投影面に垂直であって，側面投影面において傾斜している正方形の投影である．

図3-18 と同様な方法で，水平投影面に与えられた傾角を有する正方形を描き，a' を中心とし，d'，b'，c' までの距離を半径とする円を描き，a' より基線に垂直な線との交点 d"，b"，c" を求めれば垂直投影図が得られる．

また a を通り，基線に垂直な線と，b，c，d の各点から基線に平行な線との交点 b'''ac'''d''' は水平投影図である．

図3-20 垂直投影面に垂直であって，水平投影面に傾角をもち，かつ傾斜している正方形の投影である．まず図3-19のように傾角をもたない正方形を作図し，その垂直投影図の a' より与えられた傾角をもつ直線を引き，a' を中心とし d'，b'，c' までの距離を半径とする円を描き，d"，b"，c" を求めれば，垂直投影図である．

次に垂直投影図の各点より，基線に対して垂直な線を引き，水平投影図 b，c，d より水平に引いた線との交点 b'''，c'''，d''' を求め，a からこれらの各点を順次に結べば，水平投影図が得られる．

03-8　正六面体の投影

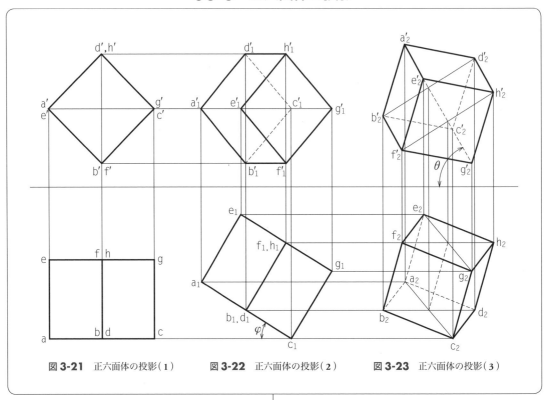

図3-21　正六面体の投影（1）　　図3-22　正六面体の投影（2）　　図3-23　正六面体の投影（3）

図3-21　一稜の長さが与えられ，その一つの対角線が基線に対して平行である正六面体の投影を求めてみよう．

①　水平投影面に，一対角線が基線に平行で，与えられた稜の長さを一辺とする正方形 a'b'c'd' を描く．

②　各点より基線に垂直な線を引く．

③　ae を稜の長さに等しくとる．

④　垂直投影面に，a，e より基線に平行な線を引く．

⑤　③，④において引いた線のそれぞれの交点を結べば垂直投影図が得られる．

図3-22　同じ正六面体の底面が，垂直投影面において，基線に対し ∠φ の傾角をもつときの投影を描く．

①　図3-21の垂直投影図を，a_1c_1 が基線に対し ∠φ になるよう，そのままの形で移動する．

②　同じくその水平投影図の a'，b'，c'，d'

の各点から基線に平行な線を引く．

③　垂直投影図の各点（a_1 ～ g_1）から基線に垂直な線を引き，②で引いた平行線との交点 a'_1，b'_1，c'_1，d'_1（および e'_1，f'_1，g'_1，h'_1）を結んだひし形をそれぞれ下底面および上底面とした図を描けば水平投影図が得られる．

図3-23　上図が，さらに水平投影面において，その対角線 $e'_1g'_1$ が，基線に対して ∠θ だけ傾斜した場合の投影図を描く．

①　図3-22の水平投影図を，その対角線 $e'_1g'_1$ が基線に対して ∠θ になるよう，そのままの形で移動する．

②　図3-22の垂直投影図の各点から，基線に対して水平な線を引く．

③　水平投影図の各点（a'_2 ～ g'_2）から基線に対して垂直な線を引き，②で引いた水平線との交点 a_2，b_2，c_2，d_2（および e_2，f_2，g_2，h_2）を結んだひし形をそれぞれ下底面および上底面とした図を描けば垂直投影図が得られる．

03-9 正八面体の投影

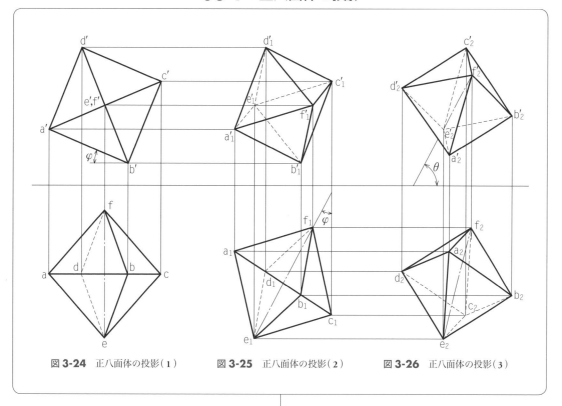

図3-24 正八面体の投影（1） 　図3-25 正八面体の投影（2） 　図3-26 正八面体の投影（3）

　図3-24　次に，正八面体の投影を行ってみよう．図は，軸線が垂直投影面にZ平行であり，各稜が水平投影面に傾角を有するものを示している．

　①　与えられた傾角∠φをもつ正方形 a′b′c′d′ を水平投影面に描き，その対角線を引く．

　②　e′ より基線に垂直な線を引き，垂直投影面に，対角線 a′c′ の長さに等しく軸線 ef をとる．

　③　ef の中点から基線に平行な線を引き，a′，b′，c′，d′ より下ろした垂線との交点 a，b，c，d と，e，f をそれぞれ結べば垂直投影図が得られる．

　図3-25　**図3-24** を，さらに軸線 e′₁f′₁ が基線に平行におかれた場合の投影を求める．

　①　**図3-24** の垂直投影図の軸線を，基線への垂線に対し∠φだけ傾斜させ，そのままの形で移動すれば，垂直投影図となる．

　②　同じくその水平投影図の各点から，基線に平行な線を引く．

　③　垂直投影図の各点（a₁〜f₁）から基線に垂直な線を引き，②で引いた平行線との交点 a′₁，b′₁，c′₁，d′₁，e′₁，f′₁ をそれぞれ結べば，水平投影図が得られる．

　図3-26　**図3-25** を，さらに軸線 e₂f₂ が基線に対し∠θだけ傾いた場合の投影を求める．

　①　**図3-25** の水平投影図の軸線を，基線に対し∠θだけ傾斜させ，そのままの形で移動すれば，水平投影図となる．

　②　同じくその垂直投影図の各点から，基線に平行な線を引く．

　③　水平投影図の各点から基線に対し垂直な線を引き，②で引いた平行線との交点 a₂，b₂，c₂，d₂，e₂，f₂ をそれぞれ結べば，垂直投影図が得られる．

　さて，**図3-24** における a′b′c′d′ は正方形であるから，これらの諸題において求めたものは，一方あるいは両方の投影面に傾角をもつ正方形の投影図を求めたことになる．

03-10 軸測投影と斜投影

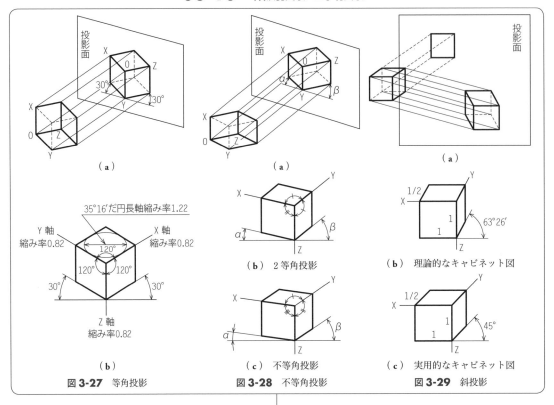

図3-27　等角投影　　　図3-28　不等角投影　　　図3-29　斜投影

　工業用図面には，前述の正投影のほかにも，必要に応じて他の投影法が使用されることがある．次にそのうちの主要なものを説明しておこう．これらはふつう**テクニカルイラストレーション**と呼ばれており，正投影ほどの正確な表現力はないが，品物を立体的に図示することができるので，説明図などによく用いられる．

　図3-27　1個の投影面に，これに平行光線を当てて投影を行う場合でも，品物のほうを適当に傾けて投影を行えば，品物の3面を同一の画面に表現することができる．この図では，X，Y，Zの3軸のなす角がそれぞれ等しく（120°に）なるように投影された場合を示したもので，これを**等角投影**（または**アイソメトリック投影**）といい，得られた図を**等角図**という．

　等角投影においては，品物の実長が，図示上では縮んで表される（この縮む率のことを**縮み率**という）が，3軸ともこの縮み率は等しくなる．この図示法は，品物の3面を同じ程度に表

す場合に適している．

　図3-28　上図と同様にして，X，Y，Zの3軸のなす角が等しくならないように品物を傾けて投影を行う場合を，**不等角投影**といい，これには3軸とも縮み率が異なる場合と，2軸だけが等しい場合（2等角投影という）がある．これは，その品物の3面のうち，その重要度に従ってその縮み率を選べばよい．

　これらの等角投影，不等角投影とも，その縮み率をそれぞれの軸上で測って作図するので，これらを**軸測投影**ともいう．

　図3-29　正投影の場合と同様に，品物を投影面に直角に置き，今度は斜めの方角から平行光線を当てて投影すれば，品物の正面だけは正投影図のように現れ，これに他の2面を追加したような図が得られる．この方法を**斜投影**といい，得られた図を**キャビネット図**という．この方法では，1個の図で，品物の3面のうち1面だけを，厳密，正確に表せる．

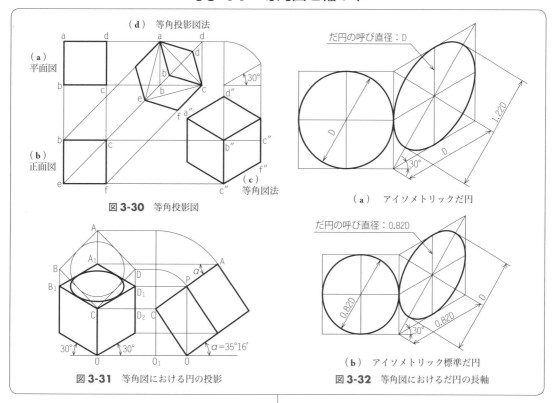

（d）　等角投影図法

（a）平面図

（b）正面図

（c）　等角図法

図3-30　等角投影図

図3-31　等角図における円の投影

$\alpha = 35°16'$

だ円の呼び直径：D

（a）　アイソメトリックだ円

だ円の呼び直径：0.82D

（b）　アイソメトリック標準だ円

図3-32　等角図におけるだ円の長軸

図3-30　前ページで説明した等角図では，便宜上その稜の長さを実長で描くことが多いが，そのように描くと実際には図（c）のように，実物より大きく描かれる．そこで図（d）のように，対角線が実長になるように投影してやれば，実物の大きさに描くことができる．これを**等角投影図**という．

この場合の縮み率は，計算によれば約0.82であるから，すべての稜にこの数値を乗じた寸法を用いて描けばよい．

図3-31　正六面体を，Y軸，X軸およびZ軸（これらを**アイソメトリック軸**という）が，それぞれ120°になるように投影したときの側面図から，その底面の傾斜角αを求めてみると，35°16′となる．このことから正投影図に円として現れたものは，等角図では，円をこの角度に傾斜して投影されただ円となって現れることがわかる．

だ円の作図法は，やや複雑であるので，その方法については後述する．

ただし実用上では，35°で十分に間に合うので，市販されているだ円定規や，だ円分度器は，すべて35°の近似だ円を使用しており，これを用いて作図すれば非常に簡単である．

図3-32　等角図におけるだ円の長軸は，もとの円と同一の尺度を使用して作図した場合，図（a）に示すように，その約1.22倍大きくなって描かれる．そこで等角図では，だ円を描く場合にも，図（b）のように，縮み率0.82を適用して描かなければならない．このようにすると，描かれただ円の長軸が，もとの円の直径に等しくなる．

ただしこの縮み率は，もとの正六面体の表面に描かれた円の場合に適用されるものであって，傾斜している面におけるだ円の作図については，だ円分度器を用いてその角度を測定し，それにあっただ円定規を使用するか，後述のだ円作図法によらなければならない．

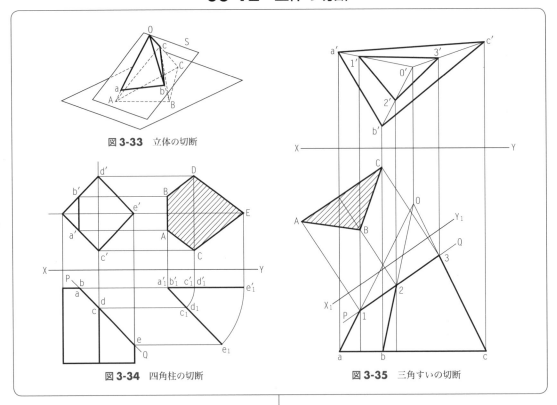

図 **3-33**　立体の切断

図 **3-34**　四角柱の切断

図 **3-35**　三角すいの切断

　図 **3-33**　図法幾何学における切断とは，立体のある部分を平面で切り取って，その手前にある部分を取り除き，その切り口の実形を描き表すことである．このように立体が平面によって切り取られた切り口のことを**断面**といい，切り取る平面のことを**切断面**という．また，切断面が直線になったときは，これを**切断線**という．

　図において，立体 ABCO を S という平面で切り取れば，abc という断面が現れる．

　このように多面体の断面は，多面体の側面と切断面の交線からなる多角形となり，曲面体では平面曲線となる．

　後述する製図において，断面による図示（**断面図**という）が非常によく用いられるのは，外観図では表しにくい品物の内部の形状や構造を，明りょうに図示することができるからである．

　図 **3-34**　四角柱を，垂直投影面に垂直で，45°の傾角をもつ平面で切断する．

　①　切断面と各稜との交点を a，b，c，d，e とする．

　②　断面の平面図は a'b'c'd'e' となる．

　③　切断面を右に移動し，基線に平行になるまで回転し，a'₁，c'₁，e'₁ を求め，これらの点から垂線を立てる．

　④　平面図の各点から基線に対して平行線を引き，③ によって引いた線との交点 A，B，C，D，E を結べば，断面の実形が得られる．

　図 **3-35**　三角すい Oabc を垂直投影面に垂直な平面で切断する．

　①　切断面と各稜との交点を 1，2，3 とし，これより基線に対し垂線を引き，断面の平面図 1'2'3' を求める．

　②　PQ に平行な X_1，Y_1 を引いて副投影図 ABC を描けば断面の実形が求められる．

　図法幾何学ではこのように斜面に対向する投影面（副投影面という）を設けて投影する方法を**副投影**というが，後述する製図においては，**補助投影**といっている．

03-13　正多面体と展開図

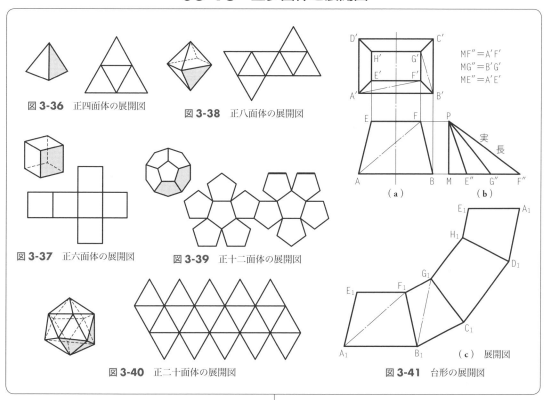

図 3-36　正四面体の展開図

図 3-38　正八面体の展開図

図 3-37　正六面体の展開図

図 3-39　正十二面体の展開図

図 3-40　正二十面体の展開図

図 3-41　台形の展開図

$MF'' = A'F'$
$MG'' = B'G'$
$ME'' = A'E'$

（a）　　　　（b）

（c）　展開図

　図 3-36　いくつかの平面による多角形が，連続的に結ばれている立体図形を**多面体**といい，このときの多角形を**側面**，辺を**稜**という．また，多面体のうち，すべての側面がただ 1 種の正角形からなるものを，**正多面体**という．

　図 3-36 ～図 3-40　正多面体は，図に示すように，正四面体，正六面体，正八面体，正十二面体および正二十面体の 5 種類に限られる．また，これらの正多面体では，稜の長さはすべて等しいから，立体の中心から，頂点までの距離はすべて等しく，頂点は一つの球にすべて内接し，かつ，側面は一つの球にすべて外接する．

　正多面体に準じるものとして，2 種類またはそれ以上の正多角形からなるものを，**半正多面体**（または**準正多面体**）といい，これには多くの種類があるが，ご存じの五角形と六角形を組み合わせたサッカーボールはその一種である．

　さて，これらの正多面体の側面を，一平面上に展開してみれば，正三角形，正四角形，正五

角形をそれぞれ連結した形となる．このように，立体図形のすべての側面を，一平面上に展開したものを，**展開図**という．

　この展開図を描く**展開図法**は，とくに板金作業において重要であり，①　**三角形法**，②　**平行線法**，③　**放射線法**の三つの方法がある．

　図 3-41　図は，台形の展開図の描き方を示したものである．図（a）の投影図の水平の辺以外は，実長が現れていないので，図（b）のように作図線を引いてその実長を求める．このような展開図では，**三角形法**が便利である．

　①　垂直線 PM を台形の高さにとり，MF''＝A'F' の直角三角形を描くと，斜辺 PF'' は A'F' の実長となる．

　②　同様にして，B'G' および A'E'（＝B'F'＝C'G'）の実長を求める．

　③　これらの実長によって，図（c）のように各側面を順次描き足していけば，展開図が得られる．上下の底面は，必要があれば追加する．

03-14 円筒と円すいの展開図

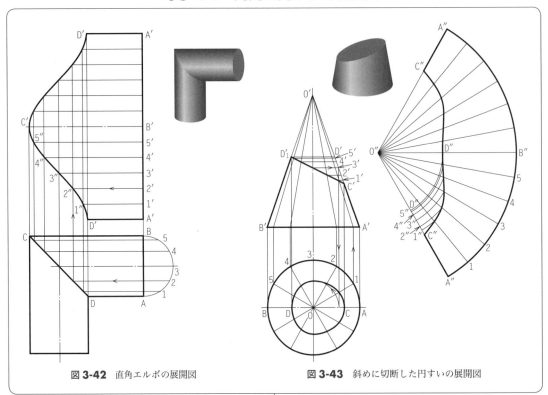

図 3-42 直角エルボの展開図

図 3-43 斜めに切断した円すいの展開図

　図 3-42　エルボとは，ある角度で交わる管の継手（つぎて）をいい，ここでは簡単に互いに 45° の角度をもって直角に曲がる場合の展開図を描いてみよう．この場合には，**平行線法**を使用するのが便利である．

①　まず円筒の半円周 AB を 6 等分する．

②　等分点 1, 2, …5 から中心線との平行線を引き，相貫線 CD との交点を求める．

③　直径 AB を延長し，A′B′ を半円周の長さにとり，これを 6 等分して 1′, 2′, …5′ をとる．

④　A′, 1′, 2′, …B′ から垂線を立て，相貫線上の交点から AB に平行に引いた線との交点 D′, 1″, …C′ を求める．

⑤　これらの各点をなめらかに結べば，A′D′C′B′ は展開図の左半分となる．

　図 3-43　次に，**放射線法**を用いる例として，斜めに切断した円すいの展開図を描いてみよう．この投影図は，第一角法で描かれているが，放射線法を使用する場合には，このように第一角法を用いるほうが便利なことが多い．ただしこの場合，板の厚さを無視するとすれば，第三角法で描かれたと考えることもできる．

①　平面図の半円周を 6 等分する．

②　等分点 1, 2, …5 から OO′ に平行な線を引き，A′B′ との交点を求める．

③　これらの交点と，頂点 O′ とを結び，切断線 C′D′ との交点を求め，さらにその交点から A′B′ に平行な線を引き，O′A′ との交点 1′, 2′, …D′ を求める．

④　次に円すいの展開図 O″A″B″A″ を描き，半円周 AB の長さに等しく A″B″ をとり，これを 6 等分してそれぞれの点と頂点 O″ を結ぶ．

⑤　A′O′ 線上に求めた各点の位置をそのまま A″O″ 線上に移し，O″ を中心としてこれらの各点までの距離を半径として円を描き，④で引いた線との交点を順次なめらかに結べば展開図が得られる．

03-15 だ円の画法

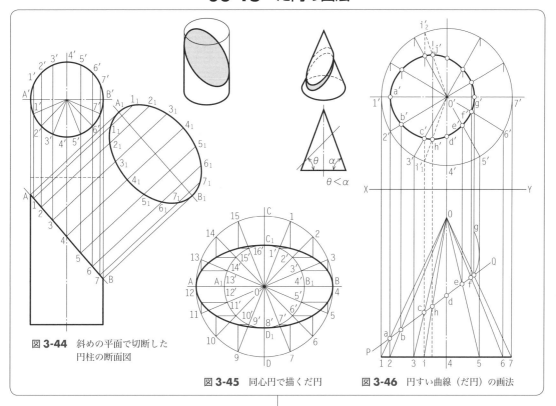

図 3-44 斜めの平面で切断した
　　　 円柱の断面図

図 3-45　同心円で描くだ円

図 3-46　円すい曲線（だ円）の画法

　二次曲線とは，解析幾何学において，二元二次方程式で示される曲線であって，これには円，だ円，放物線，双曲線などがある．これらの曲線は，円すいをさまざまな角度をもつ平面で切断したときに得られるので，**円すい曲線**ともよばれている．

　これらのうち円は，コンパスによって簡単に描けるが，他の曲線は，次に説明するような方法によって描けばよい．

　図 3-44　円柱を斜めの平面によって切断すれば，その切断面はだ円になる．

　①　まず底円周の半分を適当に（ここでは 8）等分し，その各等分点 $1' \sim 7'$ から，切断面に垂線をおろし，$1 \sim 7$ を得る．

　②　次に切断線 AB に対向する位置にだ円の長軸 $A_1 B_1$ を引き，$1 \sim 7$ 点より AB に垂直な平行線を引く．

　③　長軸 $A_1 B_1$ を中心にして，その両側にそれぞれ $1'1'$ の長さを $1_1 1_1$ にとり，以下同様に

して $2_1 2_1 \sim 7_1 7_1$ をとり，これらの点をなめらかに結べば，切断面が得られる．

　図 3-45　図は長軸および短軸を知ってだ円を描く方法を示したものである．

　①　長軸 AB および短軸 $C_1 D_1$ を直径とする同心円を描き，大円の円周を適当に等分し，それらの点を通る直径線を引く．

　②　これらの直径線が大円を通る点からは垂線を，小円を通る点からは水平線を引き，これらの交点をなめらかに結べば，だ円が得られる．

　図 3-46　直円すいを，垂直投影面に垂直で，$\theta < \alpha$ である斜めの平面で切断する．この場合の円すい曲線はだ円となる．

　①　底円周を適当に（ここでは 12）等分し，これらを通る直径線を引き，その各点から垂線をおろし，得られた各点 $1 \sim 7$ と頂点 O を結ぶ．

　②　これらの各線と切断線の交点より垂線をあげ，さきの直径線との交点をなめらかに結べば切断面が得られる．

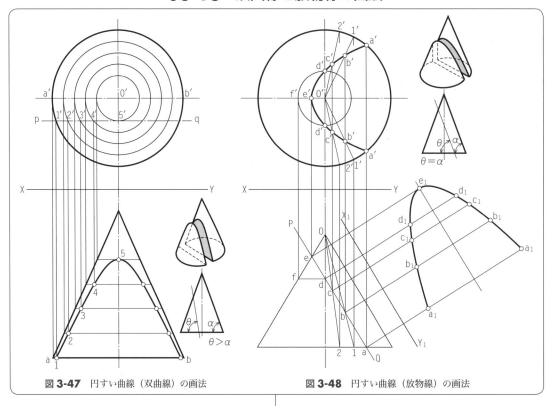

図 3-47　円すい曲線（双曲線）の画法

図 3-48　円すい曲線（放物線）の画法

図 3-47　直円すいを水平投影面に垂直（あるいは $\theta > \alpha$）である平面で切断すると，その切断面は双曲線となる.

①　平面図に適当な間隔をもついくつかの同心円を描き，直径 a′b′ との交点から立面図に垂線をおろして母線との交点から水平線を引く.

②　切断線 pq との交点を 1′，2′，…5′ とし，これらの点から垂線をおろして，さきの水平線との交点 1，2，…5 を得る.

③　これらの点をなめらかに結べば切断面が得られる. なお切断線が軸線に角度を有する場合には，さらに副投影図として実形を求めるが，その場合には**図 3-48**を参考にすればよい.

図 3-48　直円すいを垂直投影面に垂直かつ母線に平行な平面で切断すると，放物線となる.

①　立面図において，切断線 PQ と底辺との交点と中心との距離を適当に等分し，それらの点から垂線を立て，平面図との交点 a′，1′，2′ をとってこれらの点と中心 O′ を結ぶ.

②　PQ と中心軸の交点 d から水平線を引き，母線との交点 f，ならびに e から垂線を立て，f′，e′ を得る.

③　O′ を中心とし，O′f′ を半径とする円を描き，中心軸との交点を d′ とする.

④　O1，O2 を結んだ線と PQ との交点を b，c とし，この点から垂線を立て，平面図の半径線 O′1′，O′2′ との交点を b′，c′ として a′，b′，c′，d′，e′ をなめらかに結べば切断図が得られる.

⑤　切断面の実形を描くには，e_1 を通り PQ に平行な軸線を引いて，a〜e からこの線に垂線を引き，それぞれの交点から，a′a′ の長さを $a_1 a_1$ にとり，以下同様にして b_1，c_1，d_1 をとり，これらの点をなめらかに結べばよい.

二次曲線などのような曲線を描くときには，一般に雲形定規を用いるが，ぴったりとした部分はなかなかないので，曲線をいくつかの部分にわけ，適合する部分を選びながら，次々と描きたしていくのがよい.

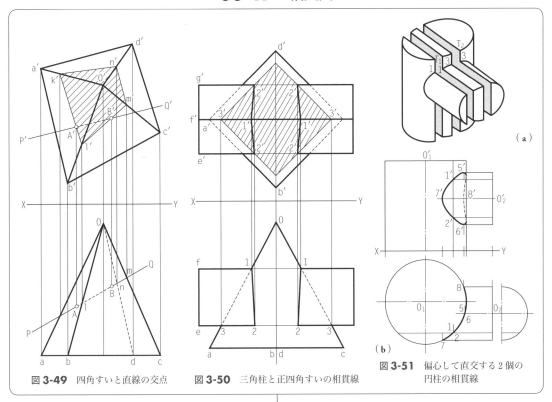

図3-49 四角すいと直線の交点

図3-50 三角柱と正四角すいの相貫線

図3-51 偏心して直交する2個の円柱の相貫線

　二つ以上の立体が相交わるとき，これを**相貫体**といい，その交わる部分の線を**相貫線**という．多面体同士の場合は，相貫線は直線になるから，それぞれの稜の相貫線を求めてこれらを連結し，見える部分を描けばよい．

　また，曲面の相貫では，一般に平行ないくつかの平面で切断し，これらの断面の外形線との交点すなわち相貫点を求めて，これらの点を結べば相貫線が得られる．

　図3-49　四角すいと直線の交点を求める．

　①　四角すいを，PQを含み，垂直投影面に垂直な平面で切断する．

　②　断面 k′l′m′n′ と P′Q′ との交点 A′B′ はその平面図となる．

　③　A′B′ から垂線をおろし，PQ との交点を求めれば立面図が得られる．

　なお別法として，PQ を含み，水平投影面に垂直な平面で切断しても，同様に投影図を得ることができる．

　図3-50　三角柱と正四角すいとの相貫線を求める．

　①　Oa 稜と f 稜，e 稜との交点 1，3 より 1′，3′ を求める．

　②　eg を含む水平な平面で四角すいを切断し，その平面図を描き，e′g′ 稜との交点 2′ を得る．

　③　3，2′ より 2 を求める．

　④　1-2，2-3 および 1′-2′ を結べば求める相貫線が得られる．

　図3-51　偏心して直交する円柱と円柱の相貫線を求める．

　曲面の相貫では，図(a)に示すように，その相貫体をいくつかの平面で切断し，それぞれの相貫点を求めて，これらをなめらかに接続すればよい．この場合は，二つの円柱の軸に平行な2個の切断面により切断した例を示したものであるが，作図の手数はかかっても，切断面の数をなるべく多くするほど，正確な相貫線を描くことができる．

表 3-1　用器画法（1）

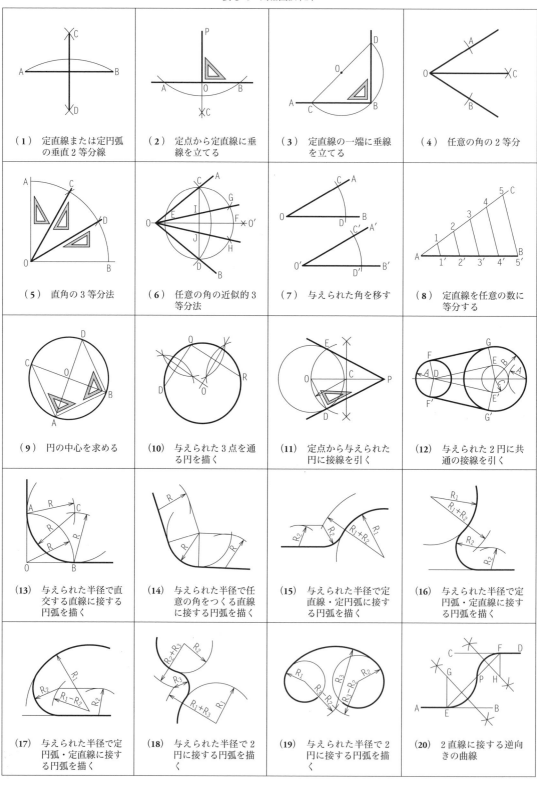

（1）　定直線または定円弧の垂直2等分線	（2）　定点から定直線に垂線を立てる	（3）　定直線の一端に垂線を立てる	（4）　任意の角の2等分
（5）　直角の3等分法	（6）　任意の角の近似的3等分法	（7）　与えられた角を移す	（8）　定直線を任意の数に等分する
（9）　円の中心を求める	（10）　与えられた3点を通る円を描く	（11）　定点から与えられた円に接線を引く	（12）　与えられた2円に共通の接線を引く
（13）　与えられた半径で直交する直線に接する円弧を描く	（14）　与えられた半径で任意の角をつくる直線に接する円弧を描く	（15）　与えられた半径で定直線・定円弧に接する円弧を描く	（16）　与えられた半径で定円弧・定直線に接する円弧を描く
（17）　与えられた半径で定円弧・定直線に接する円弧を描く	（18）　与えられた半径で2円に接する円弧を描く	（19）　与えられた半径で2円に接する円弧を描く	（20）　2直線に接する逆向きの曲線

03-19 用器画法 (**2**)

表3-2 用器画法(2)

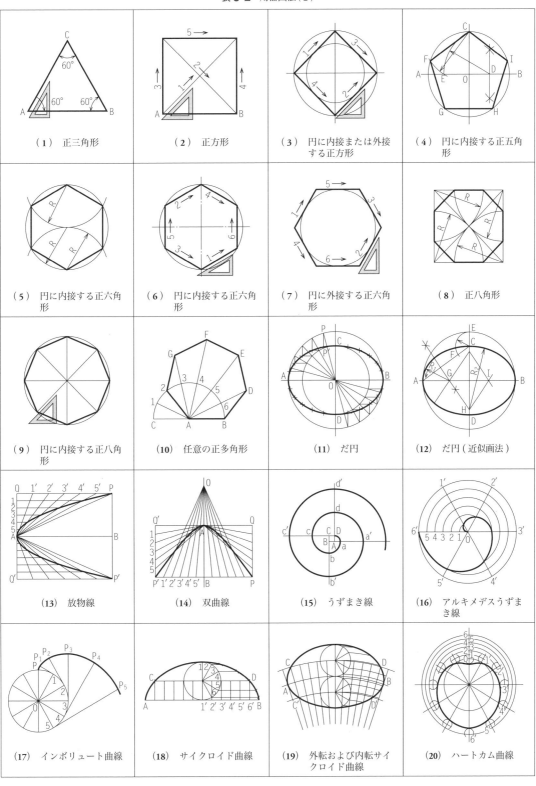

(1) 正三角形	(2) 正方形	(3) 円に内接または外接する正方形	(4) 円に内接する正五角形
(5) 円に内接する正六角形	(6) 円に内接する正六角形	(7) 円に外接する正六角形	(8) 正八角形
(9) 円に内接する正八角形	(10) 任意の正多角形	(11) だ円	(12) だ円(近似画法)
(13) 放物線	(14) 双曲線	(15) うずまき線	(16) アルキメデスうずまき線
(17) インボリュート曲線	(18) サイクロイド曲線	(19) 外転および内転サイクロイド曲線	(20) ハートカム曲線

練習問題

正面図をもとに欠けている線を補充して三面図を完成させよ.

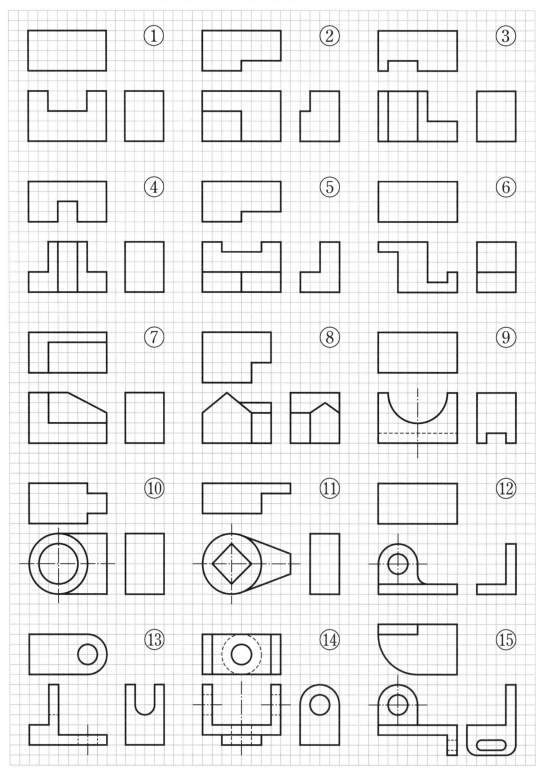

三面図を作成せよ．ただし1目盛を5mmとする．

04章 図形の表し方

04-1 図面の配置

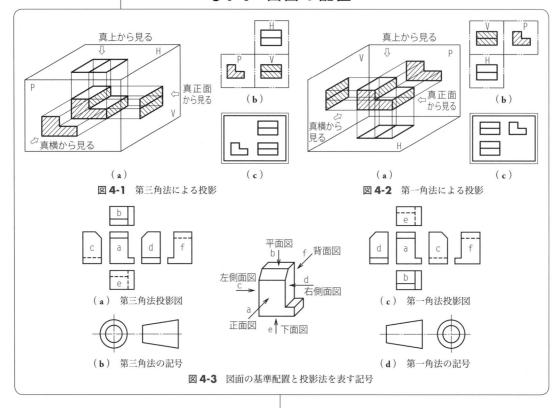

図4-1　第三角法による投影

図4-2　第一角法による投影

（a）　第三角法投影図

（b）　第三角法の記号

（c）　第一角法投影図

（d）　第一角法の記号

平面図　b　f　背面図
左側面図　c　d　右側面図
a　正面図　e　下面図

図4-3　図面の基準配置と投影法を表す記号

　工業用の図面には，**正投影**のうち，**第三角法**と，**第一角法**とがある．

　投影面のうち，水平投影面（記号 H），および垂直投影面（記号 V）についてはすでに**図3-4**で述べたが，品物によっては，この二つの投影面では足りない場合もある．そのようなときには，図示のように，さらにこれらの2平面に直交する第三の面を考え，これを側投影面（記号 P）という．

　そして，垂直投影面に投影された図を**正面図**，水平投影面に投影された図を**平面図**といい，また側投影面に投影された図を**側面図**という．

　投影面は，必要に応じてさらに追加してもよい（図4-3 参照）．

　図4-1　これは第三角法による投影の方法を示す．この場合，品物はすべての投影面の後ろにある．投影が終わったのち，1平面上に展開すれば，図（c）のような図面が得られる．

　図4-2　この図では第一角法による投影の方法を示す．品物はすべての投影面の手前に置かれる．投影が終わったのち，図（b）のように，1平面上に展開すれば，図（c）のような図面が得られる．

　図4-3　第三角法および第一角法における図面の基準配置を示す．

　これによってもわかるように，第一角法では，正面図を中心にして，それぞれ見る方向とは反対の側に投影図が置かれるのに対し，第三角法では，見る側に置かれるので，図の対比が便利で合理的である．

　機械製図（JIS B 0001）では，第三角法を使用すると定めている．

　投影法の区別を表す記号を図（b），（d）に示す．図面には，使用した投影法を明記しておくことが必要である．

　なお，国際規格 ISO の製図規格では，両方の投影法を同時に規定しているが，規格の図例は第一角法を用いている．

04-2 矢示法と必要な投影図の数

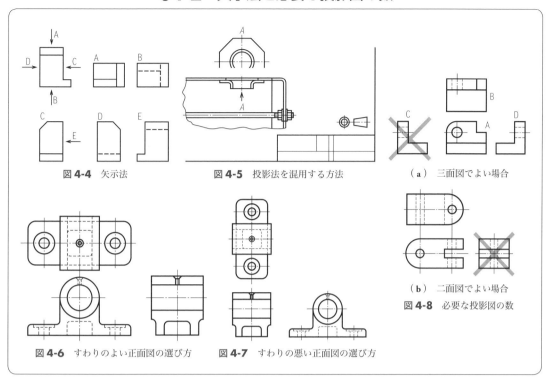

図4-4 矢示法　　図4-5 投影法を混用する方法　　（a） 三面図でよい場合

（b） 二面図でよい場合
図4-8 必要な投影図の数

図4-6 すわりのよい正面図の選び方　　図4-7 すわりの悪い正面図の選び方

図4-4　第三角法と第一角法は，厳密な形式に従った投影図の表し方であるが，もっと自由に図形の位置を決めてよい場合，矢印を用いて，さまざまな方向から見た投影図を，正面図に対応しない任意の位置に置いて示すことができる．この方法を**矢示法**（やしほう）といい，正面図に見る方向を示す矢印と，それを示す記号をラテン文字の大文字で記入しておく．品物を見た方向と投影図との対応を示す記号は同様の文字により，関連する投影図の真下か真上に置く．

図4-5　矢示法を用いた投影図では，投影法を示す図記号は不要である．ただし，第三角法または第一角法による図面の一部に矢示法を用いる場合には，省略してはならない．

図4-6　製図を行うに当たって，まず考えなければならないのは，製図の対象とする品物の，どの面を**正面図**に選ぶか，ということである．正面図は，**主投影図**ともいい，その品物の最も代表的な面をいうが，品物の形態は千差万別であるので，どれがその最も代表的な面であ

るかということを決めるのは，なかなかむずかしい．ところがこれを適切に選ぶか否かで，りっぱな図面になったりならなかったりする．

図4-7　たとえば図4-6と図4-7を比べてみると，前者では紙面のむだも少なく図形も大きく描かれているが，後者では図面のすわりが悪く，図形は小さく余白が広すぎて，主投影図の決定に誤りがあったことがわかる．

図4-8　正投影法ではふつう6個の投影図が得られる（図4-3参照）が，これらをすべて描く必要はなく，手間を考えれば，図の数はなるべく少ないほうがよい．

たとえば，図（a）において，C図を付け加えてみたところで，D図と似たような形となり，むだである．このように，ふつう図面の数は3個もあれば十分なことが多く，これを**三面図**といっている．図（b）は2個の図ですむ場合の例を示したもので，これを**二面図**といっている．さらに単純な図面では，1個の図ですむ場合も少なくなく，これを**単一図**という．

04-3　正面図（主投影図）の選び方と図形の向き

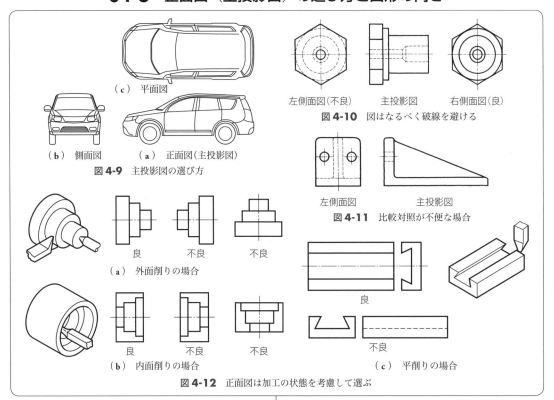

（c）　平面図

（b）　側面図　　　（a）　正面図（主投影図）

図4-9　主投影図の選び方

左側面図（不良）　　主投影図　　右側面図（良）

図4-10　図はなるべく破線を避ける

左側面図　　　　　主投影図

図4-11　比較対照が不便な場合

（a）　外面削りの場合

良　　　　不良　　　　不良

（b）　内面削りの場合

良　　　　不良　　　　不良

良

不良

（c）　平削りの場合

図4-12　正面図は加工の状態を考慮して選ぶ

図4-9　世間一般では，たとえば人間の顔などでは，目鼻のある方を正面といい，また乗り物などでは，進行するほうの面を正面というが，製図ではこれらをむしろ側面として扱い，顔では鼻が左右方向に向いている方を，また乗り物などでは，ふつう側面といわれるほうの面を正面図に選ぶのである．

この自動車の三面図の例でもわかるように，タイヤが丸く見える面が，自動車の形態と機能を最もよく表しているからである．

図4-10　製図を行う場合には，上記のようにしてまず正面図を選び，次にこれを補足するために，どうしても必要な面を選んで追加していく．その際，なるべく破線（かくれ線）で表さないですむ面を選ぶのがよい．この図では，右側面図を選べば，すべての線を実線を用いて描くことができる．もし第3の図を必要とする場合もこれと同様である．

図4-11　破線をなるべく用いないのは，実線に比べて描きにくいだけでなく，図の明りょう性を損なうことが多いからであるが，この図の場合のように，実線だけで表せる面を選ぶと，相互の比較対照が不便になるような場合には，この限りではない．

図4-12　次に，正面図の向きについても，注意が必要である．製図では，その品物が置かれたり，使用されるときの状態にかかわりなく，その品物を**加工するときの状態**を考え，その向きに置いて描くのがよい．

たとえば図（a），（b）に示すような品物では，主要な加工は旋盤で行われるので，旋盤に取り付けられるときと同じ状態，すなわち回転軸が水平になるように，かつ作業の重点が右にあるような位置に置いて描く．

また図（c）のような品物では，平削り盤で加工されるため，長手方向を水平に，かつ上から見えるような位置に置いて描くのがよい．

その他の加工方法についても同様である．

04-4 補助投影図

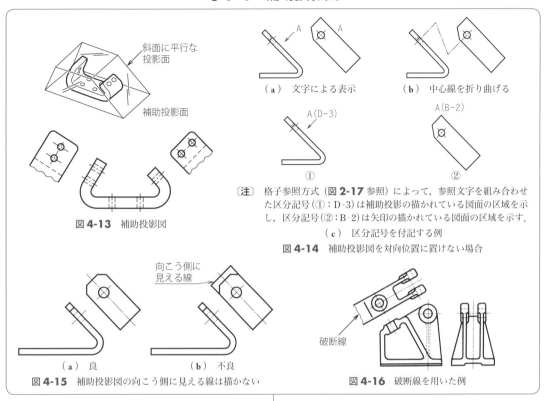

斜面に平行な投影面

補助投影面

図 4-13 補助投影図

（ **a** ） 文字による表示　　　　（ **b** ） 中心線を折り曲げる

A(D-3)

①

A(B-2)

②

〔**注**〕 格子参照方式（**図 2-17** 参照）によって，参照文字を組み合わせた区分記号（①：D-3）は補助投影の描かれている図面の区域を示し，区分記号（②：B-2）が矢印の描かれている図面の区域を示す．

（ **c** ） 区分記号を付記する例

図 4-14 補助投影図を対向位置に置けない場合

向こう側に見える線

（ **a** ） 良　　　　（ **b** ） 不良

図 4-15 補助投影図の向こう側に見える線は描かない

破断線

図 4-16 破断線を用いた例

図 4-13 品物によっては，投影面に対してある角度を有している部分をもつものもあるが，これをそのまま投影すると，その部分が縮んで投影されてしまい，その実形を得ることができない．

このような場合，図示のようにその斜面に平行な投影面を設け，これに投影することにすれば，正投影法の場合と同様に，実形が得られる．このような投影面を**補助投影面**といい，こうして得られた投影図は**補助投影図**という．補助投影面は，品物の傾斜の角度によって，どのように傾けてもさしつかえないが，その得られた図は，原則として斜面に対向する位置に置く．

図 4-14 紙面の都合その他の理由により，補助投影図を，その対向した位置に置けないような場合では，他の適当な場所に描いてもよいが，このような場合には，図（ **a** ）のように，適当な記号（ラテン文字の大文字）を用いて，その関係を示しておくか，または図（ **b** ）のように，

中心線などを折り曲げて両者を結んでおくことになっている．

補助投影図の配置関係がわかりにくい場合には図（ **c** ）のように表示の文字のそれぞれに相手位置の図面の区域の区分番号を付記する．

図 4-15 補助投影図では，斜面の実形を描くのが目的であるから，その斜面の部分だけ描き，向こう側に見える部分などは，描かないのがよい．もし，斜面以外の部分も忠実に描くと，今度はその部分が縮んで実形が現れず，手数がかかるだけで，かえってわかりにくい図面になってしまう．

図 4-16 補助投影図において，斜面の先に斜面でない部分が続く場合には，その少し途中まで描いてあとを省略し，その部分に省略したことを明らかに示すために，不規則な実線（**破断線**という）を引いておくのがよい．ただし，図から省略したことが明らかな場合には，この破断線は引かなくてもよい．

04-5　部分投影図・回転投影図・展開図

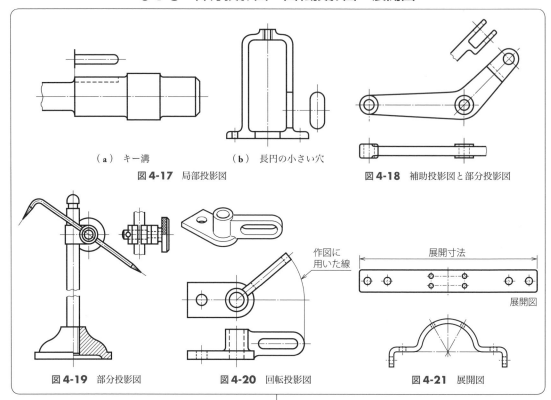

（a）キー溝　　　（b）長円の小さい穴

図 4-17　局部投影図

図 4-18　補助投影図と部分投影図

図 4-19　部分投影図　　　図 4-20　回転投影図　　　図 4-21　展開図

展開寸法

作図に
用いた線

展開図

　図 4-17　正面図を描き，これに補足の投影図を追加する場合，全体の図を描かなくても，その局部だけを示せば足りる場合には，その局部だけを描き，他の部分は描かない．これを**局部投影図**という．

　図（a）のキー溝，図（b）の長円の小さい穴などは，その例を示したものである．もしこれらの補足の図において，その全体の形状を図示したところで，正面図と同様な図となってしまい，手数がかかるだけで，決して理解しやすいものにならないことがわかるであろう．

　局部投影図においては，図の投影関係を示すために，原則として，主となる図に，中心線，基準線，寸法補助線などで結んでおく．

　図 4-18　この図の下面図は，全体を描かずそのある部分だけを描いたもので，**部分投影図**と呼ばれる．この場合も，省いた部分との境界を示すために，破断線を引いておくのがよい．

　原理的には，この部分投影図は，局部投影図を拡張しただけで，局部であるか部分であるかは，前者が大部分を省略し，後者が一部分を省略したという違いがあるにすぎない．この品物の上のほうは，補助投影によって描かれている．

　図 4-19　これは，組立図における部分投影図を示したものであるが，組立図の場合には，このようにごく小部分だけが描かれていても，局部投影図とはいわないのが習慣である．

　図 4-20　曲がったアームなど，ある角度をもっている品物の場合には，アームの部分を，本体と一直線になるまで回転させて投影を行えば，その実長を示すことができる．これを**回転投影図**という．

　この場合，必要があれば，作図に用いた線を残しておいてもよい．

　図 4-21　板金などを曲げてつくった品物では，その完成した形のほかに，曲げる以前の形状を図示しておくのがよい．これを**展開図**といい，図のかたわらに"展開図"と付記しておく．

04-6 断面図について

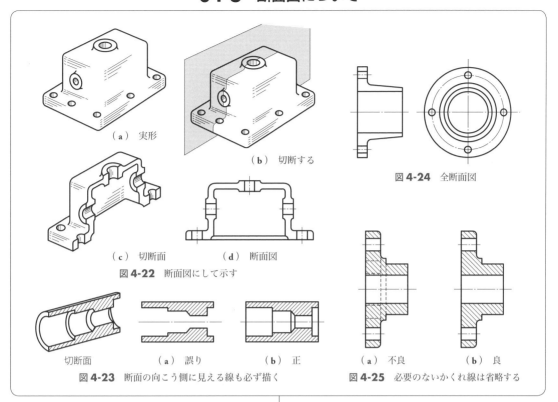

（a）実形

（b）切断する

（c）切断面　　　（d）断面図

図4-22　断面図にして示す

図4-24　全断面図

切断面　　　（a）誤り　　　（b）正

図4-23　断面の向こう側に見える線も必ず描く

（a）不良　　　（b）良

図4-25　必要のないかくれ線は省略する

　図**4-22**　製図を行うにあたって，品物内部の見えない部分を図示するには，ふつう破線（かくれ線）を用いるが，破線には実線のような明快性がないので，少し複雑なものになると非常に見づらい図面になってしまう．そこでこのような場合には，次に説明するような**断面図示法**が用いられる．

　いま図**4-22**（**a**）のような品物において，その内部の見えない部分を見えるようにするために，図（**b**）に示すように，1個の平面によりこれを中心から断ち割ったと仮定する．そして図（**c**）のように，その断ち割った手前の部分を取り除き，その切り口の面を投影すれば，図（**d**）のような図が得られる．

　このような図を**断面図**という．またこのように断ち割ることを**切断する**といい，切断に用いた平面，あるいは線を**切断面**，あるいは**切断線**という．

　この断面図示法によれば，紛らわしい破線を用いることなく，ほとんどを実線で明快に図示することができる．したがってこの断面図示法は，製図における最も重要な表現法の一つとされているので，十分に理解してほしい．

　図**4-23**　断面図においては，図（**a**）のように，切り口の部分だけを描いたのでは誤りで，その向こうに見える線も必ず描いておかなければならない．

　図**4-24**　これらの図示のように，1個の切断面により，その品物の基本となる中心線（**基本中心線**という）に沿って切断したものを，**全断面図**という．この場合には，切断した個所が明らかであるので，切断線（次ページ参照）は引かなくてもよい．

　図**4-25**　このように断面図示法は，明快な図示を行うのが目的であるので，図（**a**）のように，不必要なかくれ線まで細かく引くのはむしろ誤りで，図の理解に重要でないかくれ線は，すべて省略するのがよい．

04-7　各種の断面図（1）

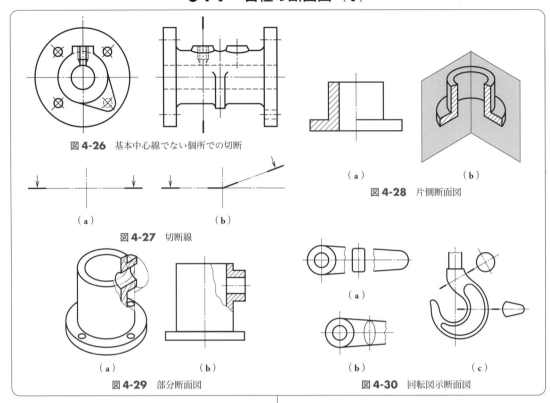

図4-26　基本中心線でない個所での切断

（a）　　　　　　　　（b）

図4-27　切断線

（a）　　　　　　　　（b）

図4-28　片側断面図

（a）　　　　　　　　（b）

図4-29　部分断面図

（a）

（b）　　　　　　　（c）

図4-30　回転図示断面図

　図4-26　1個の切断面によって全体を切断した場合でも，この図のように基本中心線でない部分で切断した場合には，その切断した個所を明らかにしておかなければならない．このような目的で引かれる線を**切断線**という．

　図4-27　切断線は，細い一点鎖線で，その両端部を太くしたものとし，かつ断面を見る方向を示す必要がある場合には矢印によって示しておく．切断線は一直線とは限らず，必要に応じて曲げたり，また種々に組み合わせたりしてもよい．この場合には，両端部のほか，曲がり部分などの要所も太くしておく．

　図4-28　これは直角な2個の切断面による断面図であるが，中心線の片側が断面図，他の片側が外形図として表したもので，これを**片側断面図**という．この場合でも，切断は基本中心線で行われているので，切断線は記入しないでよい．

　片側断面図では，内部と外部の形状が同時に表せるのでその点では便利であるが，やや複雑な図ではともかく，この図のように簡単な図ではあまり意味がない．

　図4-29　品物のごく一部分だけに特殊な形状があって，その部分だけを断面にして示せば足りる場合には，図示のようにその部分を破りとるようにして図示すればよい．これを**部分断面図**といい，この場合，破った部分を**破断線**（フリーハンドによる不規則な細い実線）で示しておかなければならない．

　図4-30　軸やアームなどのように長い品物，あるいはリブなどの切り口を示す場合には，これをその場所，あるいは切断線の延長上に引き出して，90°回転させて描けばよい．これを**回転図示断面図**という．

　この場合，断面図を，品物の中間を破って挿入する方法，ならびに切断線の延長上に描く方法のときは，外形線で描くが，図形内に重ねて描く方法のときには，細い実線で描く．

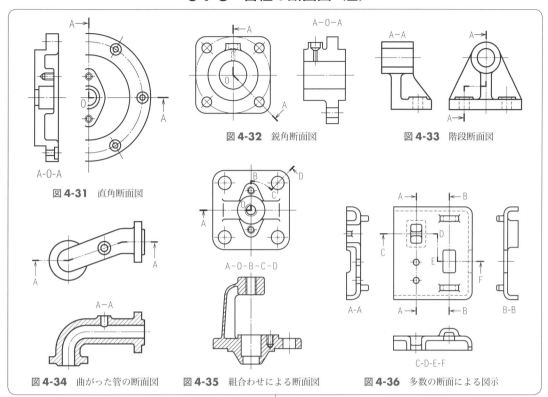

図 4-31　直角断面図

図 4-32　鋭角断面図

図 4-33　階段断面図

図 4-34　曲がった管の断面図

図 4-35　組合わせによる断面図

図 4-36　多数の断面による図示

　　図 4-31　　断面図示法においては，切断線は必要に応じてどのように曲げても，組み合わせてもよい．この図例では，直交する切断面によって切断し，かつ切断面を一平面上に展開して示したもので，**直角断面図**と呼ばれる．

　　この場合には，切断線を用い，かつラテン文字の大文字による適当な記号により，その切断の経路を明らかにしておくとともに，断面を見る方向を示す矢印を付けておくのがよい．

　　図 4-32　　これも同様に角度をもって交わる切断面による断面図であり，切断面が基本中心線に対して鋭角をもって交わっているところから，**鋭角断面図**とも呼ばれる．

　　図 4-33　　この図は，切断面を階段状に組み合わせた断面図であり，その形状から**階段断面図**と呼ばれる．この切断面の水平の部分は，垂直の切断面をつなぐために便宜上設けたものであるから，断面図上にその対応する位置を示す必要はない．

　　図 4-34　　これは，曲がりに沿った切断面によって切断した断面図の例であるが，階段断面図の水平部分が，角度をもった場合と考えられ，同様にして図示することができる．

　　したがってこの場合には，切断面を一平面上に展開する必要はない．

　　図 4-35　　上記のほか，切断線はさまざまな平面や曲面を組み合わせて使用することができる．本図では，切断は A より始まり，中心 O において直角に曲がり，B から C に円弧状に回転して D に至る複雑な切断面による断面図の例を示したものである．

　　図 4-36　　断面図の数は，1 個だけに限らず，必要に応じて数個に分けて図示してもさしつかえない．本図はその例を示したものであるが，かなり複雑な図面では，むりに 1 個の断面図にまとめるよりは，このようにブロックごとに分けて断面を図示したほうが，かえってわかりやすくなる場合が多い．

04-9 各種の断面図 (3)

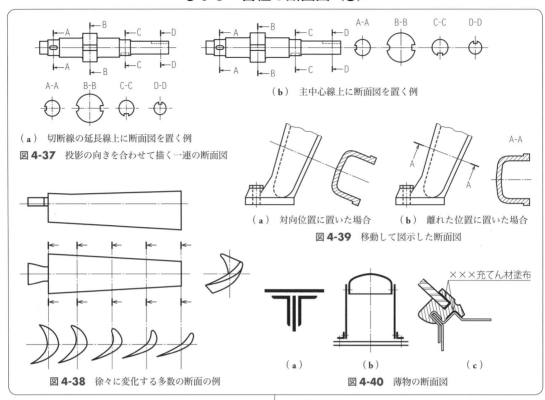

（a）切断線の延長線上に断面図を置く例

図 4-37　投影の向きを合わせて描く一連の断面図

（b）主中心線上に断面図を置く例

（a）対向位置に置いた場合　（b）離れた位置に置いた場合

図 4-39　移動して図示した断面図

図 4-38　徐々に変化する多数の断面の例

図 4-40　薄物の断面図

　図 4-37　段付き軸などのように，場所によって断面がいろいろ変化するような品物では，図（a）のように，個々の回転図示断面図を，それぞれの切断線の延長上に，そろえて配置し，かつ断面部分を示す記号（ラテン文字の大文字）をそれぞれに付けておばよい．

　なおこのような場合，紙面の都合によって，切断線の延長上に配置できないときには，図（b）のように，中心線の延長上に，順番にそろえて描いてもよい．

　図 4-38　タービンブレードなどのように，断面が徐々に変化するような品物の場合には，その全長を適当な長さに分割し，それぞれの切断線の延長上に，それらの回転図示断面図を，一直線上にそろえて配列すればよい．

　なおこのような場合でも，断面が急激に変化するような部分を有するときには，その部分を，他の部分より，適当に細かく分割するのがよい．

　図 4-39　紙面の都合などのために，断面図を，中心線もしくは切断線の延長上に置くことができないような場合には，切断線に対向しない位置に移動して描く．その場合は，図（b）のように，切断線および断面を見る方向を示す矢印と文字記号をつける．

　この場合，注意書きの文字（ふつうラテン文字の大文字を用いる）は，その部分の向きに関係なく，すべて上向きに記入すればよい．

　図 4-40　ガスケット，薄板，形鋼などで，切り口が薄いものの場合には，図（a）のように切り口を黒く塗りつぶすか，または図（b）のように，実際の寸法にかかわらず，1本の極太の線（太い実線の2倍の太さの線）を用いて表せばよい．これらのいずれの場合でも，その切り口が隣接している場合，または他の部分との間には，それらの間に，わずかのすきまをあけるが，このすきまは，0.7 mm 以上とする．

　なお図（c）のように，とくに必要がなければ，このすきまはあけなくてもよい．

04-10 ハッチング，切断しないもの

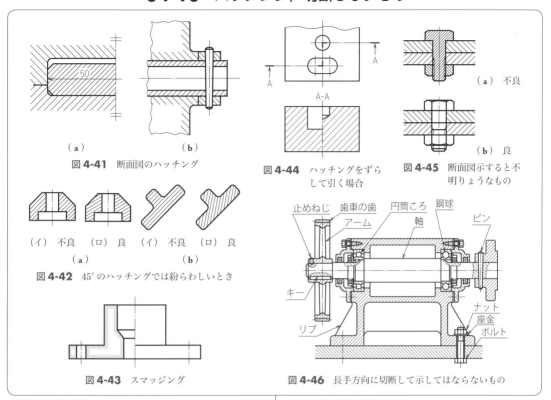

図4-41 断面図のハッチング

図4-44 ハッチングをずらして引く場合

図4-45 断面図示すると不明りょうなもの

（a）不良　（イ）不良　（ロ）良　（イ）不良　（ロ）良
（a）　　　　　　　　（b）

図4-42 45°のハッチングでは紛らわしいとき

図4-43 スマッジング

図4-46 長手方向に切断して示してはならないもの

　図4-41　断面図に現れる切り口には，これを明らかにするために，図示のように，等間隔で引いた平行な細い斜線を施すことがある．これを**ハッチング**という．

　このハッチングは，非常に手数を要するので，あまり使用しないのがよいが，これを施す場合には，次のような点に注意する．

　①　ハッチングの角度は，一般に 45° とする．

　②　同じ切断面上に現れる同一部品の切り口には，同一のハッチングを施す．

　③　異なる部品の切り口が隣り合っている場合には，線の向きを変えるか，あるいは間隔を変えて，明らかに区別できるようにする．

　④　切り口に文字や記号を記入する場合には，その部分のハッチングを中断する．

　⑤　切り口が広い場合には，その周辺にだけハッチングを施してもよい〔図（b）〕．

　図4-42　45° でハッチングを施したのでは図面が紛らわしくなるような品物の場合には，

適当にその角度を変えて施してもよい．

　図4-43　ハッチングのかわりとして，図示のように，切り口の周辺を，黒または色鉛筆で薄く塗る方法（スマッジング）があるが，1999年の JIS 製図規格から削除された．

　図4-44　階段断面図において，切断面の各段に現れる部分を区別する必要がある場合は，図示のように，ハッチングをずらして引いておけばよい．

　図4-45　断面図の中で，たとえばボルト，ナットなどのような品物を，切断面に含まれるからといってこれを切断して示すと，かえってわかりづらい図面になってしまう．そこでこのような品物では，断面図においても，外形をもって描くこととしている．

　図4-46　これらのほか，軸，ピン，座金，小ねじ，リベット，キー，鋼球，円筒ころ，リブ，車のアーム，歯車の歯は，原則として長手方向に切断してはならない．

04-11 省略図示法

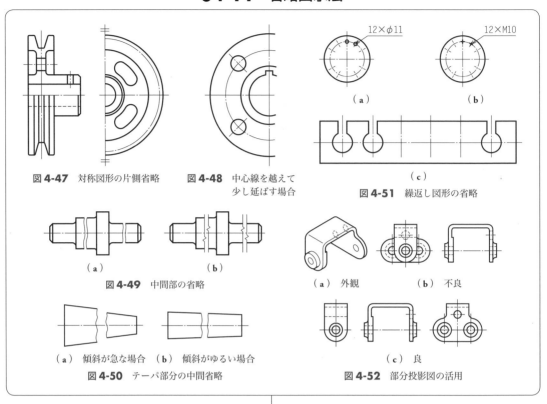

図4-47 対称図形の片側省略　図4-48 中心線を越えて少し延ばす場合

図4-49 中間部の省略
（a）　　　　　（b）

（a）傾斜が急な場合　（b）傾斜がゆるい場合
図4-50 テーパ部分の中間省略

12×φ11　　　　　12×M10
（a）　　　　　　（b）

（c）
図4-51 繰返し図形の省略

（a）外観　　　　（b）不良

（c）良
図4-52 部分投影図の活用

図4-47　機械の部品には，中心線に対して左右あるいは上下に対称の形状を有するものが多いが，このような品物の製図を行う場合，手数ならびに紙面を節約するために，図示のように，その対称中心線の片側だけを描き，他の片側は省略する場合が多い．この場合，対称中心線でない他の中心線も，図形を少し越えるまで延ばしておけばよい．

このような場合には，片側が省略された図面であることを示すために，その対称中心線の端部の両側に，図示のような2本の平行な細線を引いておくことになっている．この平行細線を，**対称図示記号**という．

図4-48　中心軸をはさんだ特殊形状部分をもつ品物では，その部分を描き，他の線も中心を少し越えるまで引いておくのがよい．この場合には対称図示記号は用いないでよい．

図4-49　軸，丸棒，形鋼などのように，同一断面を有する長い品物では，紙面を節約する

ために，その中間部を取り去って，短縮して示すのがよい．この場合，取り去った部分には，破断線を引いて，その境界を示しておく．使用する破断線には，図（a）のような細いフリーハンドの線，または図（b）のような細い直線と千鳥を組み合わせた線のいずれを用いてもよい．

図4-50　テーパ部（円すいの部分）を有する品物で中間部を省略すると，一般には図（a）のように，外形線に食い違いができるが，この作図には手数を要するので，傾斜のゆるい場合には，図（b）のように一直線に引いてもよい．

図4-51　同じ形状の部分が等間隔で繰り返すような品物では，その要部のいくつかを描き，他はその位置だけを示して省略してよい．

図4-52　正面図に対して，左右（または上下）の形状が異なる品物の場合，これを補足の1個の図にまとめて描くと，わかりづらい図になるような場合には，これを両側に振り分けて描くのがよい．

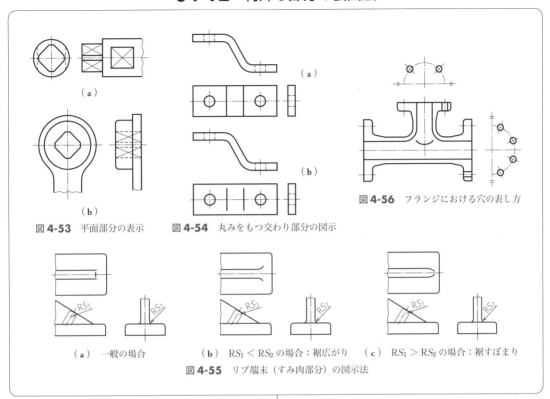

図4-53　平面部分の表示

図4-54　丸みをもつ交わり部分の図示

（a）

（b）

図4-56　フランジにおける穴の表し方

（a）　一般の場合　　　（b）　RS₁ < RS₂ の場合：裾広がり　　（c）　RS₁ > RS₂ の場合：裾すぼまり

図4-55　リブ端末（すみ肉部分）の図示法

図4-53　丸い品物などの一部に，平面部分を設けることがある．このようなときには，そこが平面であることを示すために，図示のように，細い実線を用いて対角線を引いておくことになっている．

なおこの対角線は，図（b）のように，かくれて見えない場合であっても，実線を用いることになっている．

図4-54　品物の二つの面が，丸みをもって交わる場合には，この丸みの部分は，本来ならば対応する図に線として現れないわけであるが，これでは実感に乏しいので，丸みをもたない場合に交わる部分に，図示のように，太い実線を引いておく．

この場合この線は，図（a）のように，外形線に結ぶのが一般であるが，丸みを有することをとくに示したい場合などでは，図（b）に示すように，両端部に少しのすきまをあけておいてもよい．

図4-55　補強のために設けられるリブなどは，一般にそのすみ（隅）ならびに頂部に丸みが設けられるが，その厚みを上から見て表す線の端末は，一般には図（a）のように簡単に直線のままで止めればよい．この場合，前述の例にならって，丸みの部分を表す線を引いておく（図の縦の短い線）．

ただし丸みの差が大きい場合には，その端末を，図（b）のように外側（RS₁ < RS₂ の場合）あるいは図（c）のように内側（RS₁ > RS₂ の場合）に曲げて止めてもよい．

図4-56　これは三つの図を片側省略の部分投影図として示したものであるが，フランジ上のボルト穴は，本来ならば正面図上には実形として現れない（あるいは破線として現れる）はずであるが，この場合にはその1個だけ，回転投影させたと考えて，実形としてボルト穴を断面図示し，反対の側には，その位置を示すために一点鎖線を引いておくのがよい．

04-13　想像図と省略図

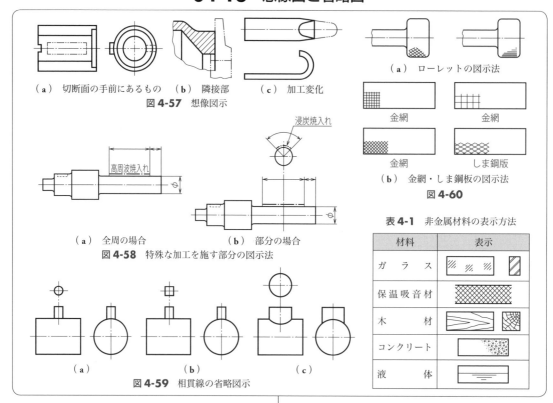

（a）　切断面の手前にあるもの　（b）　隣接部　　（c）　加工変化
図4-57　想像図示

高周波焼入れ

浸炭焼入れ

（a）　全周の場合　　　　　　　（b）　部分の場合
図4-58　特殊な加工を施す部分の図示法

（a）　　　　　　　（b）　　　　　　（c）
図4-59　相貫線の省略図示

（a）　ローレットの図示法

金網　　　　　　　金網

金網　　　　　　　しま鋼版
（b）　金網・しま鋼板の図示法
図4-60

表4-1　非金属材料の表示方法

材料	表示	
ガ ラ ス		
保温吸音材		
木　　　材		
コンクリート		
液　　　体		

図4-57　図は，想像線の使用法を示したもので，これは，図形には本来は現れないが，想像またはヒントを与える目的で描かれる図であって，これを**想像図**という．想像線には，細い二点鎖線が用いられる．

図（a）は，切断面の手前にあって，本来は投影されない図形を描いたものである．

図（b）は，その部品に取り付く隣接部を示したものである．この場合，想像図が断面で示されていても，ハッチングは施さない．

また図（c）は，曲げ加工を行う場合の加工前の形状を示したものである．同様に，加工後の形状を示す場合にも使用される．

想像線には，このほかにもいろいろな使用法があるので，十分に使いこなしてほしい．

図4-58　品物のある部分にだけ，メッキ，焼き入れなど，特殊な加工を施す場合には，その範囲を，外形線に平行にわずかに離して，太い一点鎖線を引いて示せばよい．この場合，特殊な加工の種類その他の必要事項は，文字によって指示する．

図4-59　円柱に他の円柱，または角柱などが交接する場合，その交接部分の線（相貫線）は，本来ならば描きにくい複雑な線となって現れるが，その相貫線を求める必要がない限り，簡単に直線あるいは近似の円弧で表せばよい．

図4-60　つまみ部分などに施すローレットは，その模様を品物の一部にだけ図示して，ローレット掛け工具の種類，寸法などを注記しておけばよい．

このような図示法は，金網やしま鋼板などの場合にも用いられる．

表4-1　非金属材料などを図示するときは，表示のような模様をその一部あるいは全部に描いておけばよい．この場合，部品図には材質を別に文字で記入する．

この図示法は，外観を示す場合にも切り口を示す場合にも用いてよい．

断面図（全断面図，片側断面図など）を完成させ，切断部分にハッチングを施せ.

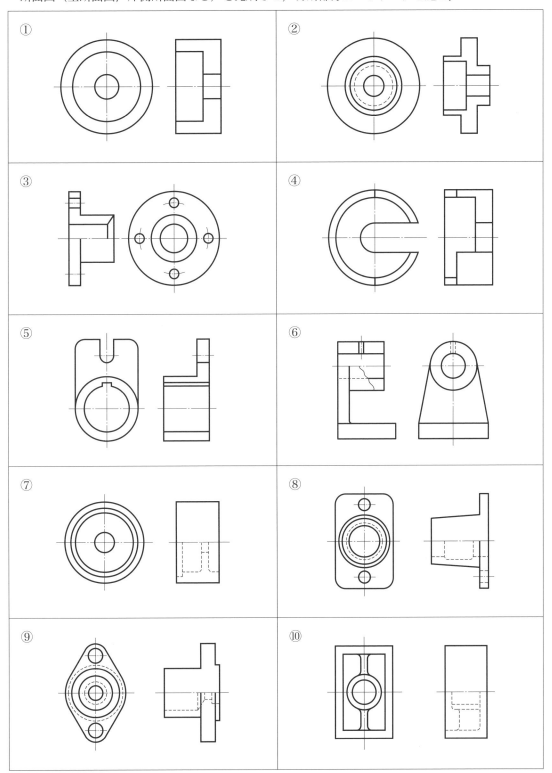

05-1 寸法線と寸法補助線

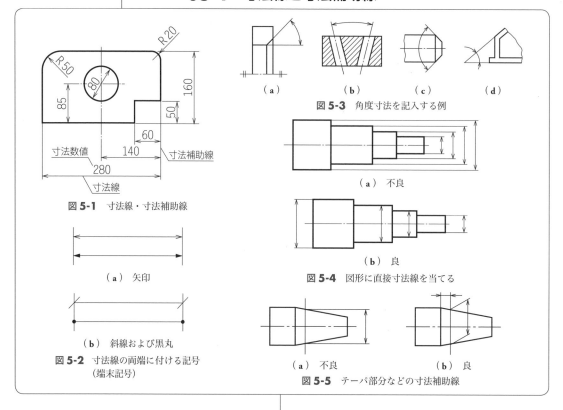

図 5-1 寸法線・寸法補助線

（a）矢印

（b）斜線および黒丸

図 5-2 寸法線の両端に付ける記号
（端末記号）

図 5-3 角度寸法を記入する例

（a）不良

（b）良

図 5-4 図形に直接寸法線を当てる

（a）不良　　　　　（b）良

図 5-5 テーパ部分などの寸法補助線

　図 5-1　製図においては，図形を描いたのち，これに寸法を記入しなければならない．

　図形への寸法記入は，寸法補助線および寸法線を用いて，図示のように記入するのである．

　寸法補助線は，寸法を図示する図形の両端から，これに直角に引き出し，寸法線を少し越えるところで止める．

　また**寸法線**は，指示する長さの方向に平行に，図形から適当な間隔を取って引き，その両端に矢印を付ける．

　記入する寸法は，完成品の仕上がり寸法とし，その**寸法数値**の単位にはミリメートルを用い，数値だけを記入して mm の記号は付けない．小数点は下の点とし，数値の間を適切にあけて，その中間にやや大きめに打つ．

　なお寸法数値は，けた数が多くなったときでもコンマは付けない．

　図 5-2　寸法線の両端には，一般には図（a）のような矢印を付けるが，図（b）に示す黒丸あ

るいは斜線を用いてもよい．ただし，これらは特別の場合を除き，混用しない．

　図 5-3　**角度の寸法線**は，その角度を構成する 2 辺，またはその延長線の交点を中心として描いた円弧を寸法線とするのであって，直線の寸法線を用いてはならない．

　角度の寸法数値には，一般に度（°）の単位を用い，寸法数値の右肩にこの記号を付記し，必要に応じて分（′），秒（″）を用いてもよい．

　図 5-4　寸法は，寸法補助線を用いて記入するのが原則であるが，図（a）のように，何本もの寸法補助線を引き出すと，図が紛らわしくなるので，このような場合には，図（b）のように，図形に直接寸法線を当ててもよい．

　図 5-5　寸法補助線は，図形によっては直角に引き出すより，図（b）のように，適当な角度（一般に 60°）を付けて引き出したほうがよい場合もある．ただしこの場合でも，必ず平行に引かなければならない．

05-2 寸法数値の向きと引出線

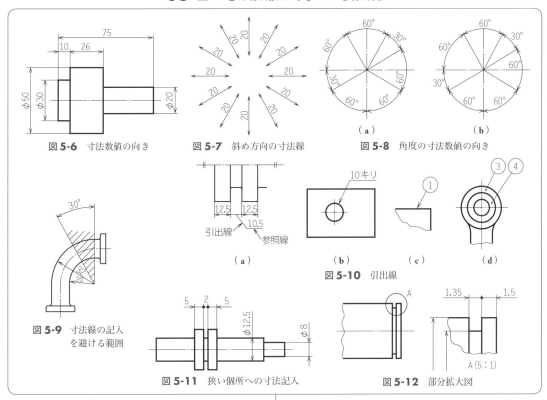

図 5-6 寸法数値の向き 図 5-7 斜め方向の寸法線 図 5-8 角度の寸法数値の向き

図 5-9 寸法線の記入を避ける範囲

図 5-10 引出線

図 5-11 狭い個所への寸法記入 図 5-12 部分拡大図

　図 5-6　寸法線に**寸法数値**を記入する場合には，寸法線を中断せず，そのほぼ中央に，わずかに離して記入する．寸法数値の向きは，水平方向の寸法線に対しては，図面の下辺から読めるように，また垂直方向の寸法線に対しては，図面の右辺から読めるように描く．

　図 5-7　斜め方向の寸法線に対しては，上に準じるが，紛らわしくなるおそれがあるときには，上向きに描くのがよい．

　図 5-8　角度の寸法数値の記入の場合も上に準じるが，図（**b**）のように，すべて上向きに描いてもよい．

　図 5-9　垂直線から反時計回りに左下に向かい約 30°以下の角度をなす範囲（図のハッチング部分）への寸法線の記入は避ける．

　図 5-10　図の狭い個所には，寸法が記入しにくいので，図示のように，その部分から細い実線を引き出してその端を水平に折り曲げ（参照線），その上に寸法数値を記入すればよい．

　このような引き出した線を，**引出線**という．この際，引き出した部分には，何も（矢印も点も）付けないでよい．

　ただしこの引出線は，寸法記入のほかにもいろいろの用途があって，たとえば図（**b**）では加工方法の指定を行う例であるが，この場合には引き出した側に矢印を付け，図（**c**），（**d**）では部品の番号を記入する例で，この場合，引き出した側が線であれば矢印を，その内側の実質部であれば黒丸を，それぞれ付けることになっているので，とくに注意してほしい．

　図 5-11　狭い部分で寸法を記入できない場合には，図の φ12.5 や φ8 のように，寸法線を外側に延長して，これに記入すればよい．

　図 5-12　細かい部分にいくつかの寸法を記入するときは，その部分を円で囲み，その付近にこれを適当に拡大した図を描き，そちらに寸法を記入すればよい．これを**部分拡大図**といい，そのとき用いた尺度を付記しておく．

05-3 寸法補助記号（1）

表5-1 寸法補助記号の種類

記号	意　味	呼び方
φ	180°をこえる円弧の直径または円の直径	"まる"または"ふぁい"
Sφ	180°をこえる球の円弧の直径または球の直径	"えすまる"または"えすふぁい"
□	正方形の辺	"かく"
R	半径	"あーる"
CR	コントロール半径	"しーあーる"
SR	球半径	"えすあーる"
⌒	円弧の長さ	"えんこ"
C	45°の面取り	"しー"
∧	円すい（台）状の面取り	"えんすい"
t	厚さ	"てぃー"
⊔	ざぐり*1 深ざぐり	"ざぐり" "ふかざぐり"
∨	皿ざぐり	"さらざぐり"
▽	穴深さ	"あなふかさ"

〔注〕*1 ざぐりは，黒皮を少し削り取るものも含む．

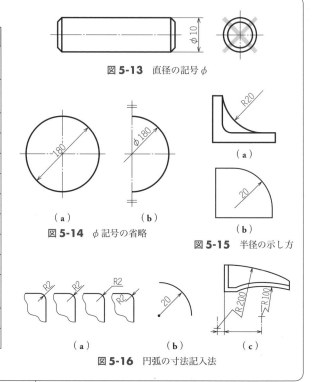

図 5-13　直径の記号 φ

図 5-14　φ記号の省略

図 5-15　半径の示し方

図 5-16　円弧の寸法記入法

表 5-1　たとえば**図 5-13**に示す丸い棒のような品物では，その直径の寸法に，それが直径であるということを示す φ という記号を記入しておけば，丸く現れるほうの図面（側面図）は描かなくてもすむわけである．

直径のほかにも，いろいろな記号を定めておいて，その寸法の性質を簡単に示すことが行われ，このような記号を，**寸法補助記号**といい，表示のような各種のものがある．

図 5-13　丸いものの直径の寸法を，図形を描かないで示す場合には，φ の記号（"まる"または"ふぁい"と読む）を，寸法数値の前に，これと同じ大きさで記入しておけばよい．

図 5-14　図が丸く現れていて，中心を通る寸法線が引かれている場合，それが直径の寸法であることが明らかなので，φ の記号は記入しない．ただし，円形の一部を欠いた図形とか，中心線の片側を省略した図形（**図4-47**）などの場合，誤解を避けるために φ の記号を記入し，

かつ直径の寸法線を中心を少し越えた部分まで延ばし，この側には矢印を付けない．

図 5-15　図形が半円またはそれ以内で示される円弧の場合は，半径の寸法を記入する．この場合，半径を示す記号 R（radius の略で"あーる"と読む）を，寸法数値の前に同じ大きさで記入し，その寸法線には円弧の側にだけ矢印を付け，中心の側には付けない．ただし，半径を示す寸法線が，円弧の中心まで引かれている場合には，R の記号は省略してもよい．

図 5-16　小さい半径の円弧の寸法を記入する場合，図（**a**）に示すいずれかの方法を用いればよい．この場合，矢印は円弧の内側あるいは外側のいずれに当ててもよい．また，円弧の中心が遠く，半径を示す寸法線が長くなるときは，図（**c**）のように，寸法線を中間で折り曲げ，その中心を円弧の付近において示す．とくに中心を示す必要がある場合，図（**b**），（**c**）のように，その中心に黒丸または十字を記入する．

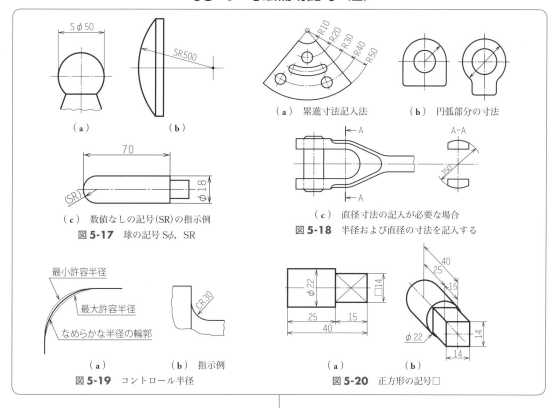

（a）　　　　　　　（b）

図 **5-17**　球の記号 Sφ, SR

（a）　累進寸法記入法　　（b）　円弧部分の寸法

（c）　数値なしの記号(SR)の指示例

（c）　直径寸法の記入が必要な場合

図 **5-18**　半径および直径の寸法を記入する

最小許容半径
最大許容半径
なめらかな半径の輪郭

（a）　　　　　　　（b）　指示例

図 **5-19**　コントロール半径

（a）　　　　　　　（b）

図 **5-20**　正方形の記号□

　図 5-17　球面の場合には，円形の場合と同様に，その直径または半径の寸法数値の前に，球面を示す Sφ または SR（S は sphere の略）の記号を，同じ大きさで記入しておけばよい．

　Sφ は"えすまる"または"えすふぁい"，SR は"えすあーる"と読み，これらの記号は，誤解のおそれがないように，なるべく省略しないのがよい．

　図（c）のように，球の半径の寸法がほかの寸法から導かれる場合には，半径を示す寸法線と数値なしの記号（SR）とを指示する．

　図 5-18　図（a）のように，同一中心をもつ半径は，長さ寸法と同様に，**累進寸法記入法**を用いて指示できる．

　図（b）の円弧部分の寸法は，原則として，円弧が 180°までの場合は半径で，それ以上の場合には直径で示すのがよい．ただし，図（c）のように，とくに必要なもの，または対称図形の片側半分を省略した図面などでは，図示された

円弧が 180°以内でも，直径の寸法を記入しなければならない．この場合，直径を示す寸法線は，中心を越えて適当にのばしておく．

　図 5-19　直線部と半径曲線部との接続部がなめらかにつながり，最大許容半径と最小許容半径との間（二つの曲面に接する公差域）に半径が存在するように規制する半径を，**コントロール半径** CR（"しーあーる"と読む）と定めることになった．

　角（かど）の丸み，すみ（隅）の丸みなどにコントロール半径を要求する場合には，半径数値の前に記号 "CR" を指示する．なお，CR は control radius の略号である．

　図 5-20　正方形は□（"かく"と読む）の記号で表す．ただし，この記号は，図（a）のように，正方形の一辺だけが図に現れた場合にだけ使用し，図が正方形に描かれた場合には使用しないで，図（b）に示すような隣接する 2 辺に寸法を記入しておく．

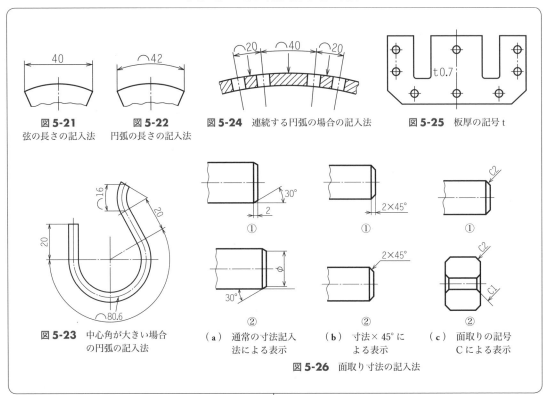

図 5-21 弦の長さの記入法

図 5-22 円弧の長さの記入法

図 5-24 連続する円弧の場合の記入法

図 5-25 板厚の記号 t

図 5-23 中心角が大きい場合の円弧の記入法

①

①

①

②

②

②

（**a**）通常の寸法記入法による表示

（**b**）寸法×45°による表示

（**c**）面取りの記号Cによる表示

図 5-26 面取り寸法の記入法

図 5-21 弦の長さは，その弦に直角な寸法補助線を引き，弦に平行な寸法線を用いて示せばよい.

図 5-22 円弧の長さを記入するときは，弦の場合と同様な寸法補助線を引き，寸法線にはその円弧と同心の円弧を用いて寸法数値を記入し，さらにその寸法数値の前に ⌒ の記号（"えんこ"と読む）を付けておく.

図 5-23 板や丸棒などを丸く曲げてつくる品物の場合には，曲げる前の材料の長さがわかっていれば便利である.そのため直線部分につなげて円弧の部分の寸法を記入すると，円弧の中心角が大きくなることがあって，平行な寸法補助線が引けなくなることがある.

そこでこのような場合には，図示のような放射状の線を寸法補助線とし，寸法数値の前に円弧の記号 ⌒ を付け，どの円弧の寸法であるかを示すために，寸法数値からその円弧まで，引出線を用いてつないでおけばよい.

図 5-24 二つ以上ある同心円弧のうち，一つの円弧の長さを明示する必要がある場合，図のように，円弧の寸法数値に対し，引出線を引き，引き出された円弧の側に矢印を付ける.

図 5-25 板を打ち抜いてつくる品物のような場合に，その板の厚さを図示しないで表すには，その図の付近または図の中の見やすい位置に，厚さを表す寸法数値の前に，厚さを示す記号 t（"てぃー"と読む）を，同じ大きさで記入しておけばよい（t は thickness の略）.

図 5-26 品物の角の部分は，傷みやすいので，ある角度で浅く角を落としておくことが多い.これを**面取り**という.面取りの寸法を記入するには，図（**a**）のように一般の寸法記入法によって記入する.面取り角度が45°の場合には，図（**b**）のように面取り深さ×45°で表すか，図（**c**）のように面取りの記号 C（"しー"と読む）を用い，これを寸法数値の前に，同じ大きさで記入する（C は chamfer の略）.

05-6　穴の寸法記入法

表 5-2　加工方法の簡略指示

加工方法	簡略指示	簡略表示 （加工方法記号）*
鋳放し	イヌキ	―
プレス抜き	打ヌキ	PPB
きりもみ	キリ	D
リーマ仕上げ	リーマ	DR

〔注〕 * JIS B 0122 による記号.

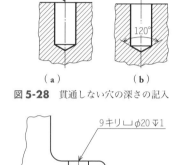

図 5-28　貫通しない穴の深さの記入

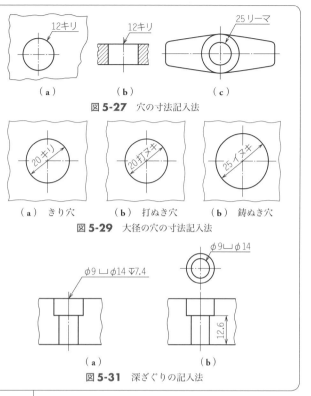

図 5-27　穴の寸法記入法

図 5-29　大径の穴の寸法記入法

（a）きり穴　（b）打ぬき穴　（b）鋳ぬき穴

図 5-30　ざぐりの記入法

図 5-31　深ざぐりの記入法

　表 5-2　穴のあけ方には，いろいろな方法があるので，図面にはその寸法とともに，加工法についても指示しておくのがよく，この指示には表に示す略号を用いて記入する.

　図 5-27　一般に小径の穴は，ドリル（きり）を用いてあけることが多いが，さらに精密な穴面が必要な場合，ドリルであけた穴を，リーマという工具を用いて再切削する.

　これらの穴の指示には，引出線を用いて，その端を水平に折り曲げ，その上に穴の直径寸法および加工法の略号を，図のように記入する.

　引出線は，図（a），（c）のように，穴が丸く描かれている場合はその円周上で中心点を通る位置から引き出し，図（b）のように，断面で描かれている場合はその中心線と外形線の交点から引き出す.

　図 5-28　貫通しない穴の場合には，上記の表示のあとに，図例のように，"▽"という記号およびその穴の深さ寸法を記入しておく.

　なお貫通しない穴の底面は，ドリルの先端角（118°）の円すい面となるので，近似的に 120°の角度で描いておけばよい.

　図 5-29　大径の穴の直径は，一般の寸法記入法に従えばよいが，鋳造の際にあける穴や，プレスによる打ぬき穴では，図示のように略号を用いて示しておくのがよい.

　図 5-30　鋳造品や鍛造品では，その表面が多少粗くなるので，それらにあける穴の表面を，浅くさらって，ボルトやナットを締め付けるとき，なじみがよくなるようにする．これを**ざぐり**という.

　表 5-1 の寸法補助記号を使用し，ざぐりを付ける穴の直径を示す寸法の前に，ざぐりの記号"⊔"に続けて，ざぐりの数値を記入する.

　図 5-31　ボルト頭部などを沈めるために行う深いざぐりを**深ざぐり**という.

　この場合，**表 5-1** の穴深さ記号▽を使用し，続けてざぐりの数値を記入しておく.

05-7 こう配とテーパ，キー溝の記入法

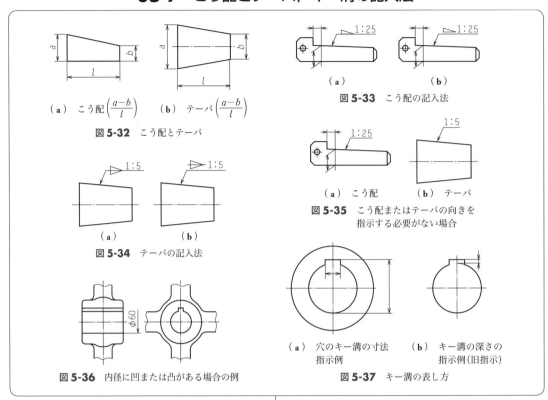

（a）こう配 $\left(\dfrac{a-b}{l}\right)$　　（b）テーパ $\left(\dfrac{a-b}{l}\right)$

図 5-32　こう配とテーパ

図 5-33　こう配の記入法

図 5-34　テーパの記入法

（a）こう配　　　（b）テーパ

図 5-35　こう配またはテーパの向きを
指示する必要がない場合

図 5-36　内径に凹または凸がある場合の例

（a）穴のキー溝の寸法
指示例　　（b）キー溝の深さの
指示例（旧指示）

図 5-37　キー溝の表し方

図 5-32　図（a）のように，四辺形の一辺が傾いているとき，その傾きを**こう配**という．また図（b）のように，中心軸に対し対称に傾いているとき，その傾きを**テーパ**という．

これらの大きさは，大端部と小端部の差（図の $a-b$）と，長さ（図の l）により表されるが，製図においては，**図 5-33** および **図 5-34** に示すように，これらの分子のほうを1とした比のかたちで指示することになっている．

図 5-33　こう配の部分から引出線を引き，参照線の上〔図（a）〕か，わずかに離して〔図（b）〕，こう配の向きを示す直角三角形の図記号をこう配の向きと一致させて描き，そのあとにこう配の比を示す数値を記入する．

図 5-34　テーパの場合もこれとほとんど同じであるが，テーパを示す二等辺三角形の図記号は，参照線を中心として上下対称に描く．

ただしテーパは，コックやドリルの柄などのように，そのテーパ部分で精密にはまりあう場合にだけ記入し，それ以外の場合は通常の寸法記入法によらなければならない．

図 5-35　図からこう配あるいはテーパであることおよびその向きが明らかな場合には，これらの図記号は省略してもよい．

図 5-36　キー溝を有するボスの穴の直径を記入する場合の寸法線には，図示のように，溝のないほうの寸法補助線の側にだけ矢印を付け，反対の側には矢印を付けてはならない．これは，溝のある側には，溝の上下を表す線が描かれているだけで，直径を投影した線は描かれていないからである．

図 5-37　穴のキー溝の場合，キー溝の幅と深さを示す寸法を記入する〔図（a）〕．この場合，一般にキー溝の深さは，キー溝と反対側の穴径面からキー溝の底までの寸法で示している．旧規格では，図（b）のようにキー溝の中心面における穴径面からキー溝の底までの寸法（切込み深さ）で表してもよい．

05-8　その他の寸法記入法

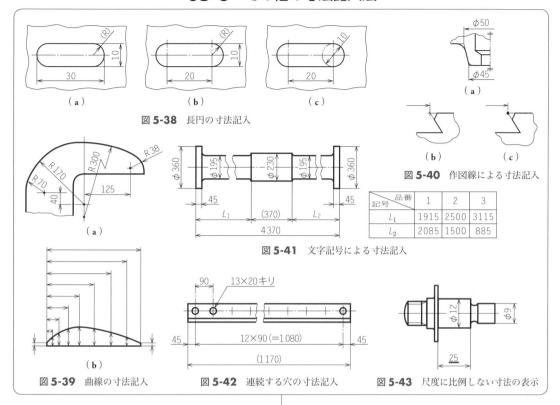

図 5-38　長円の寸法記入

図 5-39　曲線の寸法記入

図 5-40　作図線による寸法記入

図 5-41　文字記号による寸法記入

記号	品番	1	2	3
L_1		1915	2500	3115
L_2		2085	1500	885

図 5-42　連続する穴の寸法記入

図 5-43　尺度に比例しない寸法の表示

　図 5-38　図(a), (b)のような長円の溝または穴では, 両端の半円部分の半径は, その溝または穴の幅で決定されるから, 寸法線を引き, 単に(R)とだけ記入し, その数値は記入しないでよい. また図(c)のように, 円の直径で記入してもよい.

　図 5-39　円弧で構成される曲線は, それらの円弧の半径と中心の位置によって示せばよい.

　また円弧によらない曲線は, ある1点を基準とし, x軸方向, y軸方向に分割して, 対応するそれぞれの寸法を記入すればよい. この場合, y軸方向は, 曲線の曲率半径が小さい部分では, 分割の間隔を適当に小さくとるのがよい. なおこの方法は, 円弧で構成される曲線の場合にも用いてもよい.

　図 5-40　互いに傾斜する二つの面の間に, 丸みまたは面取りが施されている場合, この二つの面が交わる位置を示すには, 図示のように, 細い作図線を用いてその位置を示せばよい.

　なお, 交点を明らかに示す必要がある場合には, 図(b), (c)のようにそれぞれの線を交差させるか, または交点に黒丸を付けておけばよい.

　図 5-41　寸法は, 数値によらず, 適当な文字記号によって示してもよい. この場合, その数値を別に表示しておくことになっている.

　図 5-42　多くの同一寸法の穴が, 等間隔で並ぶ場合には, 図示のように, 適当な一つの穴から寸法引出線を引き出し, その水平部分に, 穴の総数, 穴の寸法および加工法を, ×印をはさんで記入しておけばよい.

　なお図において12×90(＝1080)と記入してあるのは, ピッチ数×ピッチの値およびその計算の結果を示したもので, その全長(1170)は参考寸法のため, かっこに入れて記入するのがよい.

　図 5-43　一部の図形が寸法数値に比例しない場合は, その寸法数値の下に太い実線を引いておく. ただし, 寸法と図形とが比例しないことをとくに明示する必要がないときは省略する.

05-9　多くの同一方向の寸法記入法

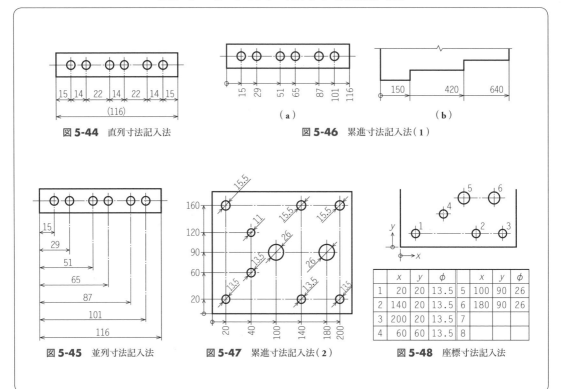

図5-44　直列寸法記入法

図5-46　累進寸法記入法(1)

（a）

（b）

図5-45　並列寸法記入法

図5-47　累進寸法記入法(2)

図5-48　座標寸法記入法

	x	y	ϕ		x	y	ϕ
1	20	20	13.5	5	100	90	26
2	140	20	13.5	6	180	90	26
3	200	20	13.5	7			
4	60	60	13.5	8			

図5-44　多くの同一方向の寸法を，図例のように小間割りにして記入する方法を，**直列寸法記入法**という．

ただしこの方法では，後述するように，個々の寸法には必ず寸法許容差があるので，これらが互いに影響し合い，全体の寸法に不都合を生じることがある．したがってこの記入法は，寸法誤差の影響をあまり考えないでもよいような場合だけに用いるのがよい．

図5-45　ある部分を基準とし，この部分から座標式に寸法を記入する方法を**並列寸法記入法**という．

この記入法では，個々の寸法は独立して記入されるので，上図の場合のように他の寸法誤差の影響を受けることはないが，かなりスペースをとるという不便がある．

図5-46　前図と同様な意味のことを，1本の連続した寸法線によって簡便に図示したもので，**累進寸法記入法**という．

この記入法においては，寸法の起点の位置は，小さい白丸（これを**起点記号**という）で示され，ここから1本の寸法線を引き，これに一方向の矢印で，必要な寸法の位置を次々に示していくのである．

おのおのの寸法数値は，図（**a**）のように寸法補助線に並べて記入するか，あるいは図（**b**）のように矢印の近くの寸法線の上側にこれに沿って記入すればよい．

図5-47　多くの穴が散在するような場合，その位置や大きさを示すには，図示のように，それらの穴の中心に，x軸，y軸にそれぞれ累進寸法記入を行って，それぞれの穴の寸法は個々に記入すればよい．

図5-48　同様な場合，穴の位置や大きさの寸法を，座標を用い，図示のような適当な記号と番号により，これらを一まとめにして表にして示してもよい．各穴のx，yの数値は，起点からの距離を示す．

05-10 寸法記入上の注意（1）

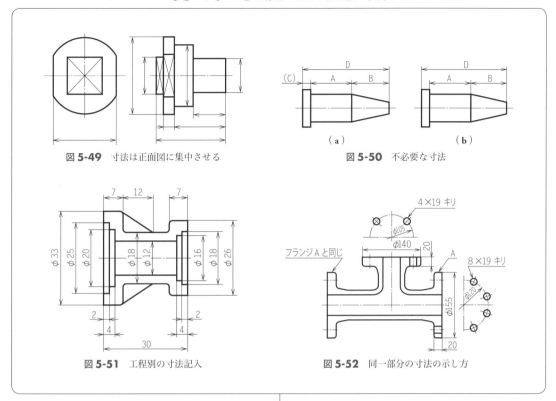

図 5-49 寸法は正面図に集中させる

図 5-50 不必要な寸法

（a）　（b）

図 5-51 工程別の寸法記入

図 5-52 同一部分の寸法の示し方

　図 **5-49**　正面図は，前にも述べたように主投影図とも呼ばれ，投影図の中でも最も重要な面であるから，寸法の記入に際しても，なるべくこの正面図のほうに集中して記入する．そしてこれに記入できない寸法だけ，他の図に記入するようにする．

　また，相関連する寸法で双方に関係する寸法は，参照を便利にするため，それらの図の中間に記入するのがよい．

　なお，寸法の重複記入は，できるだけ避けるように注意するのがよい．これは，将来その部分の寸法に変更の必要が生じた場合，1か所だけ訂正して，他の記入個所に訂正漏れを起こすことを防ぐためである．

　図 **5-50**　不必要な寸法は，これを記入しない．図示において，Cの寸法が他に比べて重要でないときには，これを記入しないでも，他の寸法から自然に定まってくるので不便はなく，したがって図（b）のように，これを記入しない

であけておけばよい．とくに必要があれば，図（a）のように，参考寸法として，かっこに入れて記入する．

　図 **5-51**　いくつかの工程を経るような品物では，寸法は，図の上下左右のいずれかの側に，それらの工程別に，分けて記入するのがよい．図示において，上側の寸法は外部の寸法を，下側の寸法は穴の深さを示すもので，それぞれ作業者が異なるため，このように分けて記入した例を示したものである．

　図 **5-52**　図示において，この三つのフランジにおける穴あけではそれぞれ工程が異なるので，これらは正面図に描くよりも，ピッチ円の描かれた側にまとめて記入する．

　この場合でも，穴の総数，穴の寸法とその加工法を，×印をはさんで記入し，他に同じ形状の部分があるときは，その一つにだけ記入し，これに適当な記号を付けておき，他はこれと同一寸法である旨を記入しておけばよい．

05-11 寸法記入上の注意 (**2**)

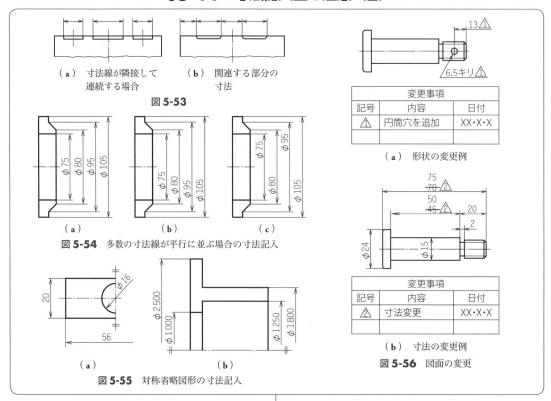

（ a ） 寸法線が隣接して
連続する場合

（ b ） 関連する部分の
寸法

図 **5-53**

（ a ）　　　　　（ b ）　　　　　（ c ）

図 **5-54**　多数の寸法線が平行に並ぶ場合の寸法記入

（ a ）　　　　　　　　（ b ）

図 **5-55**　対称省略図形の寸法記入

変更事項

記号	内容	日付
⚠	円筒穴を追加	XX・X・X

（ a ）　　形状の変更例

変更事項

記号	内容	日付
⚠	寸法変更	XX・X・X

（ b ）　寸法の変更例

図 **5-56**　図面の変更

図 5-53　図形に寸法を記入するときには，寸法補助線や寸法線の引き方によって，図面の読みやすさに影響することが多いので，なるべく読みやすくなるように心掛けて，これらの線を引かなければならない．

図（ a ）のように，寸法線が隣接して連続する場合には，寸法線は一直線上にそろえて記入するのがよい．また，関連する部分の寸法は，図（ b ）のように，一直線上に記入するのがよい．

図 5-54　多数の寸法線が平行に並ぶような場合には，各寸法線はなるべく余裕をもたせて等間隔に引き，かつ小さい寸法は内側に，大きい寸法は外側になるように配置する．

この場合の寸法数値は，図（ a ）のように，なるべく中心線上にそろえて記入するのがよいが，紙面の都合で寸法線の間隔が狭い場合には，図（ b ），（ c ）に示すように，寸法線の片側または両側に，図例のように記入してもよい．

図 5-55　一般に対称軸の片側を省略した図面では，対称軸にまたがる寸法線は，中心線を少し越えるまで引いて止め，その部分には矢印を付けない．

ただし誤解のおそれがない場合には，寸法線は中心線の手前で止めてもよい．

図 5-56　図面は，その発行後，種々の理由のために変更されることがある．これを**図面の変更**という．

図面は，出図後にその内容を訂正・変更する必要が生じる場合がある．この場合には，図に示すように，訂正または変更か所に適当な記号を付記し，かつ訂正または変更以前の図形，寸法などは判読できるよう，適切に保存しなければならない．

図面の変更は，原図だけの変更にとどまらないので，変更前の形は必ず保存して，線によって消して訂正し，これに変更の理由，日付けおよび署名などを行って，変更の責任を明らかにしておく必要がある．

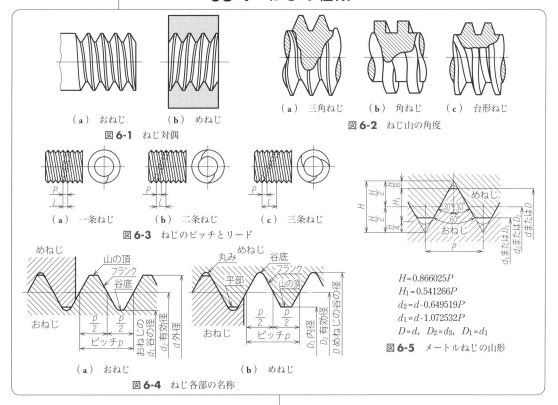

06章 機械要素と部分の略画法

06-1 ねじの種類

（a）おねじ　（b）めねじ
図6-1 ねじ対偶

（a）三角ねじ　（b）角ねじ　（c）台形ねじ
図6-2 ねじ山の角度

（a）一条ねじ　（b）二条ねじ　（c）三条ねじ
図6-3 ねじのピッチとリード

$H = 0.866025P$
$H_1 = 0.541266P$
$d_2 = d - 0.649519P$
$d_1 = d - 1.072532P$
$D = d, \quad D_2 = d_2, \quad D_1 = d_1$

図6-5 メートルねじの山形

（a）おねじ　（b）めねじ
図6-4 ねじ各部の名称

図6-1　円筒面の外面にらせんに沿ってねじ溝を刻んだおねじと，同じく内面にねじ溝を刻んだめねじとを一対にすれば，互いにねじ合わせることができる．このような組合わせを，**ねじ対偶**という．ねじの主な用途は締付け用であるが，運動伝達用，距離加減用にも用いられる．ねじには，ねじ山の巻き方向によって，右ねじと左ねじとがあるが，大多数のねじは右ねじで，左ねじは特殊な場合だけに用いる．

図6-2　ねじ山の断面の形により，三角ねじ，角ねじ，台形ねじなどがあるが，三角ねじがほとんどであって，他は運動伝達用など特殊な場合だけに用いられる．

図6-3　ねじを1回転させたとき進む距離を**リード**という．1リードの間に1本だけねじ溝があるねじを一条ねじといい，2本あるいは3本あるねじをそれぞれ二条ねじ，三条ねじなどという．二条以上のねじを総称して**多条ねじ**という．

また隣りあったねじ山の相対応する2点間の距離を**ピッチ**という．多条ねじでは，1回転によってピッチの条数倍だけ進む．

図6-4　ねじ山各部の名称を示す．ねじはおねじの外径 d の大きさで呼ばれ，これはめねじの谷の径 D に等しい．

おねじ・めねじとも，山の頂は平らに，谷底には丸みを付ける．ねじ溝の幅がねじ山の幅に等しくなるような仮想的な円筒の直径を**有効径**という．またねじ山の斜面の部分を，**フランク**という．

図6-5　一般に最も多く用いられているメートルねじの山形と各部の寸法を示す．図示のようにピッチ P を基準にして各部の寸法が定められている．このメートルねじには，ピッチと直径の関係により，**並目ねじ**と**細目ねじ**がある．細目ねじは並目ねじに比べてピッチが小さいので，肉の薄い円筒の場合，強度を必要とする場合，大径の場合などに用いる．

06-2 ねじの略画法

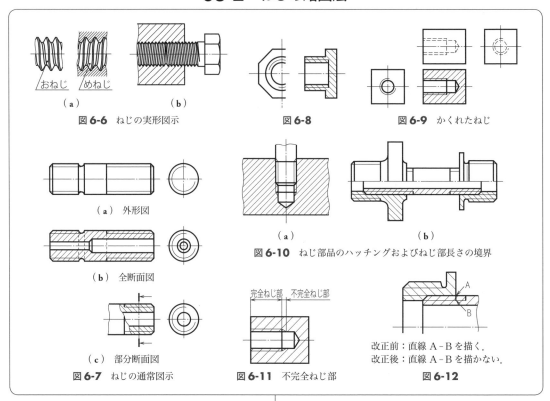

（a）おねじ　めねじ　（b）
図 6-6　ねじの実形図示

図 6-8

図 6-9　かくれたねじ

（a）外形図

（b）全断面図

（c）部分断面図

図 6-7　ねじの通常図示

図 6-10　ねじ部品のハッチングおよびねじ部長さの境界

（a）　　　　　　　（b）

完全ねじ部　不完全ねじ部

図 6-11　不完全ねじ部

改正前：直線 A–B を描く.
改正後：直線 A–B を描かない.

図 6-12

図 6-6　ねじの実形図示を示す．このようにねじを実形に近く描く方法は，非常に手数を要するので，絶対に必要な場合にだけ用いる．

図 6-7　通常用いられる製図では，このような単純な図示方法を用いる．

① ねじ山の頂を連ねた線…太い実線

② ねじの谷底を連ねた線…細い実線

この場合，ねじの山の頂と谷底とを表す線の間隔は，ねじの山の高さとほぼ等しくするのがよく，最低でも太い線の太さの2倍か，0.7 mm のいずれかよりも太くする．

なお，ねじの端面から見た図（丸く現れる図）では，ねじの谷底は，細い線を用い，かつ円周の約3/4の円の一部で示す．このとき，できれば右上方に4分円をあけるのがよい．

図 6-8　この1/4の欠円は，やむを得ない場合には，他の位置にあってもよい．

図 6-9　かくれたねじでは，山の頂および谷底は，いずれも細い破線で表せばよい．

図 6-10　断面図で示すねじ部品では，ハッチングは，ねじ山の頂を示す線まで引く．

切られたねじ部の長さの境界は，それが見える場合は，太い実線によって示しておく．かくれている場合には，細い破線で示せばよい．ただし図 6-7（c）のように，ねじ部を部分断面によって表す場合には，破断線によって破られた部分は，これを省略すればよい．

これらの境界線は，ねじの外径，またはねじの谷の径を示す線まで引いて止める．

図 6-11　ねじ部の終端を越えたねじ山が完全でない部分を不完全ねじ部といい，一般には図示しないが，機能上その他とくに必要な場合には，傾斜した細い実線で引いておく．

図 6-12　ねじ部品の組立図においては，おねじを優先させ，めねじはおねじにかくされた状態で描くこととしている．これは，1998 年の改正規格からこのようになったもので，それ以前は図の A–B を描くこととしていた．

06-3 ねじの寸法記入法

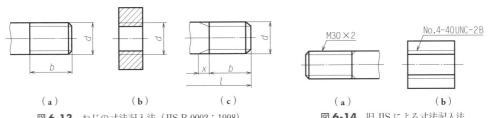

（a）　　　　　（b）　　　　　（c）

図6-13　ねじの寸法記入法（JIS B 0002：1998）

（a）　　　　（b）

図6-14　旧JISによる寸法記入法

表6-1　ねじの種類を表す記号およびねじの呼びの表し方の例（JIS B 0123）

区　分	ねじの種類		ねじの種類を表す記号	ねじの呼びの表し方の例	引用規格
ピッチをmmで表すねじ	一般用メートルねじ	並　目	M	M 10	JIS B 0205 - 1
		細　目		M 10 × 1	
	ミニチュアねじ		S	S 0.5	JIS B 0201
ピッチを山数で表すねじ	管用テーパねじ	テーパおねじ	R	R 3/4	JIS B 0203
		テーパめねじ	Rc	Rc 3/4	
		平行めねじ	Rp	Rp 3/4	
	管用平行ねじ		G	G 5/8	JIS B 0202

表6-2　推奨するねじの等級*

ねじの種類		ねじの等級（精↔粗）	ねじの種類		ねじの等級（精↔粗）
メートルねじ	おねじ	4 h, 6 g, 6 f, 6 e	管用平行ねじ	おねじ	A，B
	めねじ	5 H, 6 H, 7 H, 6 G			
〔注〕　*メートルねじの場合は公差域クラスをいう.					

図6-13　ねじの寸法記入法を示す．ねじの寸法はこのように，一般の寸法の場合と同じく，寸法補助線および寸法線を用いて記入することになった．

ねじの呼び径 d は，同図（a）および（b）のように，常におねじの山の頂，またはめねじの谷底に対して記入することになっている．

なお不完全ねじ部は，一般には記入しないが，機能上必要な場合には，同図（c）のようにその寸法を記入しておけばよい．

図6-14　以上は1998年に改正された規格によるものであるが，それ以前は，図示のように，おねじの山の頂またはめねじの谷底から引き出した寸法引出線の端を水平に折り曲げてその上に記入することになっていた．

表6-1　ねじには，その種類，寸法およびピッチなどによってさまざまなものがあるので，それらを表すには，JISに定められたねじの表し方によることになっている．

これによれば，ねじの種類を示すには，アルファベットの大文字を用い，メートルねじではM，ミニチュアねじではSであり，これに続けて呼び径を表す数字を付けて，M 10，S 0.5のように表す．

なおメートルねじ"細目"では，同じ呼び径のねじにピッチが1種類以上定められているので，上記の表示のあとに，"×"の記号を用いて，ピッチを必ず付記することとし，M 10 × 1のように示すことになっている．

表6-2　ねじは，その寸法許容差の精粗によって，表に示すようにいくつかの等級に分けられているので，必要な場合には，ねじの呼びのあとに，ハイフンをはさんで，これらの等級を記入すればよい．

〔例〕　M 20 - 6 H，M 45 × 1.5 - 4 h

なお，ねじの等級は，必要がないときは省略してもよい．

06-4　ボルト・ナットの略画法

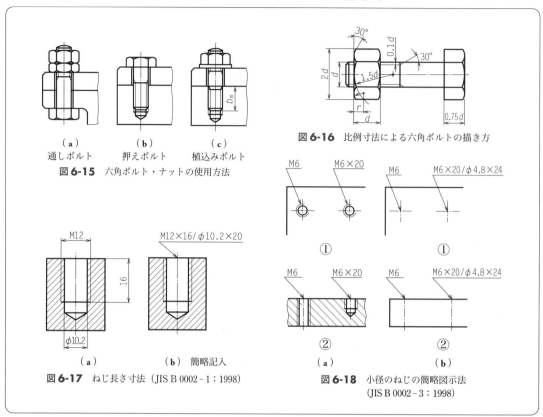

（a）通しボルト　（b）押えボルト　（c）植込みボルト

図 6-15　六角ボルト・ナットの使用方法

図 6-16　比例寸法による六角ボルトの描き方

（a）　（b）簡略記入

図 6-17　ねじ長さ寸法（JIS B 0002 - 1 : 1998）

図 6-18　小径のねじの簡略図示法
（JIS B 0002 - 3 : 1998）

図6-15　六角ボルト・ナットは，ねじ部をもつ部品のなかで最も代表的なものであり，その用いられ方により，図示のように呼ばれている．

図（**a**）の通しボルトは，二つ以上の部品に穴をあけ，それに差し込んで締め付けるもので，ナットはゆるみ止めのため，二重ナットが用いられている．

図（**b**）は，相手方にねじを切ったもので，押さえボルトという．

図（**c**）は，六角部をもたず，両端にねじを切った植込みボルトを示す．このボルトでは，一般にナット側を丸面取りとし，植込み側と容易に区別できるようになっている．なお植込み側は，相手の材質により，植込み長さが1種，2種および3種の3通りのものが定められている．

図6-16　六角部の面取り部は，正確にいえば双曲線となるわけであるが，製図では簡単に円弧を用いて示す．その他の部分も図示の呼び径 d を基準とした比例寸法によって描けば，実感をともなった図が得られる．

図6-17　ねじ穴における止まり穴深さは，通常省略してもよいが，この場合はねじ長さの 1.25 倍程度に描いておけばよい．また同図（**b**）のように，引出線を用いて簡略に指示してもよい．

なおねじでは，右ねじが一般的であるので，特記する必要はない．左ねじを指示する場合には，ねじの呼び方に略号 LH（left hand の略）を付記して示せばよい．

もし同一部品に右ねじおよび左ねじがある場合には，右ねじのほうにも，略号 RH（right hand の略）を記入しておくのがよい．

図6-18　図面上の直径が 6 mm 以下の小径のねじであるとか，規則的に並ぶ同じ形および同じ寸法のねじなどの場合には，図示のような簡単な指示を行ってもよい．

06-5 ねじおよびナットの略画法と座金

表6-3 ねじおよびナットの簡略図示例（JIS B 0002-3：1998）

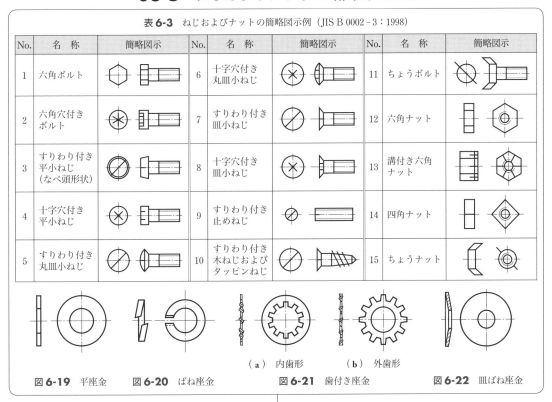

No.	名称	簡略図示	No.	名称	簡略図示	No.	名称	簡略図示
1	六角ボルト		6	十字穴付き丸皿小ねじ		11	ちょうボルト	
2	六角穴付きボルト		7	すりわり付き皿小ねじ		12	六角ナット	
3	すりわり付き平小ねじ（なべ頭形状）		8	十字穴付き皿小ねじ		13	溝付き六角ナット	
4	十字穴付き平小ねじ		9	すりわり付き止めねじ		14	四角ナット	
5	すりわり付き丸皿小ねじ		10	すりわり付き木ねじおよびタッピンねじ		15	ちょうナット	

（a）内歯形　　　（b）外歯形

図6-19 平座金　　図6-20 ばね座金　　図6-21 歯付き座金　　図6-22 皿ばね座金

　表6-3　ボルト・ナットなどのように，その一部にねじを有する部品をねじ部品という．ねじ部品にはきわめて多種多様なものがあるが，ボルトより比較的小さいものに，小ねじ，止めねじなどがある．

　一般に頭部にすりわりをもつもの，十字穴をもつものに大別されるが，それらの頭部の形状，ねじ先の形状には用途に応じてさまざまなものがある．また頭部をもたず，全長にねじ加工を施した止めねじがあり，これにはすりわりを有するもの，六角穴を有するものなどがある．

　これらはいずれも市販品を購入してそのまま使用するので，組立図などのほか製図を行う機会は少ないが，それらの図では，すりわり部は正面図・側面図とも1本の太い実線で示し，かつ側面図では，正面図とはかかわりなく45°の斜線とすることになっている．また十字穴では太線による×形で，六角穴ではそれぞれ30°に交差する3本の太い実線で示しておけばよい．

　ねじ部品には上例のほか，さまざまな形状のものがあるが，いずれもねじ部の表し方は上例にならい，その他の部分の形状は実物に則して描けばよい．

　図6-19～図6-22　ねじの締付けを容易にし，かつゆるみを防ぐ目的で，さまざまな形をした座金が用いられる．図はその一例を示したものであるが，締付け状態で製図を行う場合には，いずれの座金もその厚さが示されるだけであるので，その種類，形状，寸法などは，呼び方を用いて部品表によって明示することになる．

　規格では，すべての製品規格にはその呼び方を示しているので，それにもとづいて示せばよい．ばね座金の呼び方の例を下に示す．

〔例〕

JIS B 1251	SW	2号	8	S
ばね座金	ばね座金	2号	12	SUS
（規格番号または規格名称）	（製品名称またはその略号）	（種類またはその記号）	（呼び）	（材料の略号）

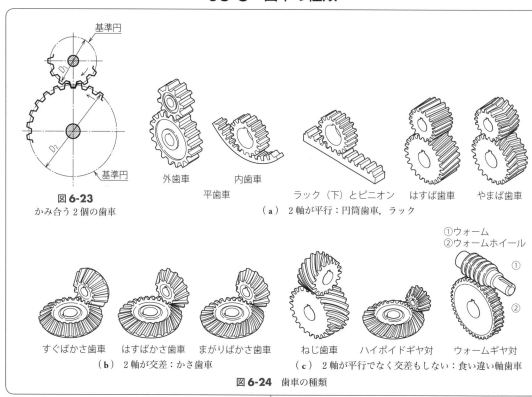

基準円

基準円

図 6-23
かみ合う 2 個の歯車

外歯車
内歯車
平歯車

ラック（下）とピニオン　はすば歯車　やまば歯車

（ a ）　2 軸が平行：円筒歯車，ラック

①ウォーム
②ウォームホイール

①
②

すぐばかさ歯車　はすばかさ歯車　まがりばかさ歯車
（ b ）　2 軸が交差：かさ歯車

ねじ歯車　ハイポイドギヤ対　ウォームギヤ対
（ c ）　2 軸が平行でなく交差もしない：食い違い軸歯車

図 6-24　歯車の種類

　図 6-23　歯車は，一般に円板の円筒面（あるいは円すいの円すい面）に，等間隔に歯を刻んだもので，これを 2 個かみ合わせ，一方を回転すると，双方の歯が次々にかみ合って，2 軸の間に回転運動を伝達させることができる．歯車が歯をもたないと考えたとき，互いに接触する円板の円周（または円筒）を**基準円**（従来はピッチ円）といい，その直径を**基準円直径**という．

　図 6-24　歯車の伝動においては，2 軸の間の関係によって，使用する歯車がきめられる．一般に多く用いられるのは，図(a)の 2 軸が平行な場合，ならびに図(b)の 2 軸が交差する場合で，その他の場合には図(c)の食い違い軸歯車を使用すればよい．

　歯車には，その形状および歯すじの向きによって，さまざまな種類がある．一般にかみ合う 2 個の歯車のうち，大きいほうをギヤ，小さいほうをピニオンという．また歯数が同じ場合の歯車を，マイタ歯車という．

　歯車の歯すじの方向により，軸に平行なすぐば歯車，傾斜したはすば歯車，歯すじの中央で逆方向に傾斜したやまば歯車，曲線状の歯をもつまがりば歯車などがある．

　ラックは，ギヤの直径が無限大，すなわち直線状になった歯車である．また円筒の内側に歯がつくられているものを内（うち）歯車という．

　ハイポイドギヤ対は，2 軸が交わらない場合に用いるもので，この場合のピッチ面は円すいではなく中央のへこんだつづみ形となる．

　なおウォームギヤ対では，大きいほうをウォームホイール，小さいほうをウォーム（いもむしの意）という．このウォームのピッチ面には，円筒状のもののほか，つづみ形のものがあり，後者のほうが伝動能力が大きい．

　ウォームギヤ対では，必ずウォームからウォームホイールに動力が伝えられ（減速用），その逆に使用されることはない．

06-7　歯車歯形各部の名称とモジュール

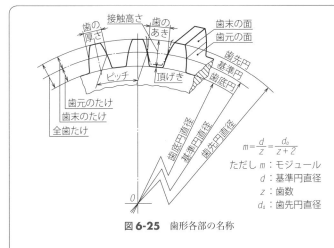

図 6-25　歯形各部の名称

$$m=\frac{d}{z}=\frac{d_0}{z+2}$$

ただし m：モジュール
　　　　d：基準円直径
　　　　z：歯数
　　　　d_0：歯先円直径

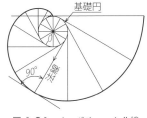

図 6-26　インボリュート曲線

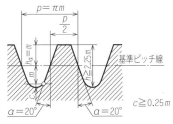

$p=\pi m$

$c\geqq 0.25m$

図 6-27　基準ラック

表 6-4　モジュールの標準値
（JIS B 1701 – 2：1999）（単位 mm）

（**a**）　1 mm 以上のモジュール

I	II	I	II
1	1.125	8	9
1.25	1.357	10	11
1.5	1.75	12	14
2	2.25	16	18
2.5	2.75	20	22
3	3.5	25	28
4	4.5	32	36
5	5.5	40	45
6	(6.5)	50	
	7		

〔**注**〕できるだけ I 列のモジュールを用いることが望ましい．モジュール 6.5 は，できる限り避けるのがよい．

（**b**）　1 mm 未満のモジュール

I	II	I	II
0.1	0.15	0.5	0.55
0.2	0.25	0.6	0.7
0.3	0.35		0.75
0.4	0.45	0.8	0.9

〔**注**〕I 列を優先的に，必要に応じて II の順に選ぶ．

　図 6-25　歯車の歯形は，幾何学的な理論にもとづいてつくられているので，その各部の名称や記号は，細かく綿密に定められている．図は，その主要なものを示したものである．このうち，歯末のたけの寸法を**モジュール**といい，これは基準円直径を歯数で除した値となり，記号 m で表す．モジュールが大きいほど，歯の大きさは大きくなる．

　図 6-26　歯車の歯形には，図示のようなインボリュート曲線というのが使われている．これは，基礎円に接して回転する直線上のある 1 点が描く曲線で，漸開線ともいう．

　インボリュート曲線を歯形曲線とする歯車を，インボリュート歯車という．

　インボリュート歯車は，伝動効率がきわめて高いうえ，加工しやすく，互換性にすぐれ多少中心距離が不正確であっても，伝達速度が変化しないなどのすぐれた特長を有するため，ほとんどの工業用歯車として利用されている．

　図 6-27　インボリュート曲線は，その基礎円の直径が無限大となるときは，直線となる．したがって，基準円直径が無限大の歯車，すなわちラックでは，その歯形は直線歯形となる．

　そこで JIS では，歯数の影響を受けず，かつ単純な形状のラックの歯形を規定することによって，これにかみ合うすべての歯車の歯形を規定している．このようなラックを，**基準ラック**という．

　基準ラックは，図示のようにピッチ線（基準ピッチ線ともいう）を基準とし，すべてモジュールをもととして歯形の寸法が定められている．また歯形の傾斜角度（**圧力角**という）は 20° と定められており，平歯車ではこれが基準円直径上の圧力角となる．

　表 6-4　JIS ではモジュールの標準値として，表示のような種類の値を定めているが，とくに必要がなければ，第 I 系列のうちから選ぶことになっている．

06-8 標準歯車と転位歯車

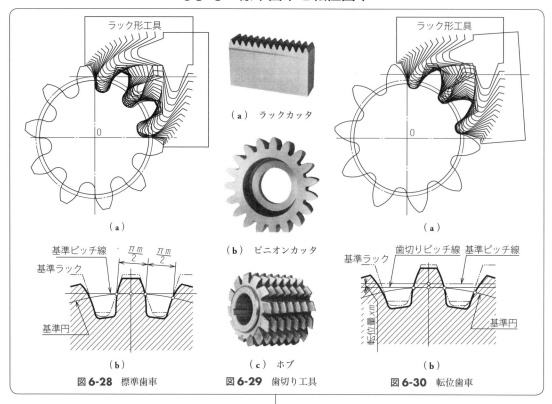

ラック形工具

（ a ） ラックカッタ

（ a ）

（ b ） ピニオンカッタ

ラック形工具

（ a ）

基準ピッチ線 $\dfrac{\pi m}{2}$ $\dfrac{\pi m}{2}$

基準ラック

基準円

（ b ）

図 6-28 標準歯車

（ c ） ホブ

図 6-29 歯切り工具

歯切りピッチ線 基準ピッチ線

基準ラック

転位量 xm

基準円

（ b ）

図 6-30 転位歯車

　図 6-28　歯車の歯形を切削するには，いろいろな方法があるが，最も基本的には，図示のようなラック形の工具（**ラックカッタ**）を用い，これに上下運動を与えながら，歯車素材がかみ合うように相対運動をさせれば，インボリュート歯車が得られる．これを創成歯切りという．創成歯切りにおいては，モジュールが同じであれば，1個の工具により，どのような歯数の歯車でも加工できるというすぐれた特長がある．

　またこの創成歯切りにおいて，図（ b ）のように，工具の基準ピッチ線に，素材の基準円を接触させて歯切りを行った場合の歯車を，**標準歯車**という．

　図 6-29　ラックカッタのほか，ピニオンカッタやホブなども歯切りに使用されるが，原理的にはまったく同様である．

　図 6-30　標準歯車では，歯数が多い場合には問題はないが，これがある一定の値以下になると，工具の干渉のために歯の根元がえぐられ，

歯の強度が低下する．これをアンダカットという．これを防ぐために，図（ b ）のように，工具の基準ピッチ線を，素材の基準円から，xm だけ，すなわちモジュールの x 倍だけずらせて歯切りを行えば，やはり同じ歯数のインボリュート歯車が得られる．このように工具をずらせることを，転位するといい，転位して得られた歯車を**転位歯車**という．転位歯車では，標準歯車の場合のインボリュート曲線の，転位された分だけ先の曲線を用いたことになり，歯の根元が太く丈夫な歯形が得られる．この場合の xm を転位量，x を転位係数という．

　標準歯車では，歯数により中心距離がきまってしまうが，転位歯車では，基準円が増大するので，これを利用して中心距離を変化させることができるという利点を有する．

　しかし，変化させたくないときは，大歯車のほうを，その分だけ逆に転位する，すなわち負の転位を行えばよい．

06-9 歯車の図示方法

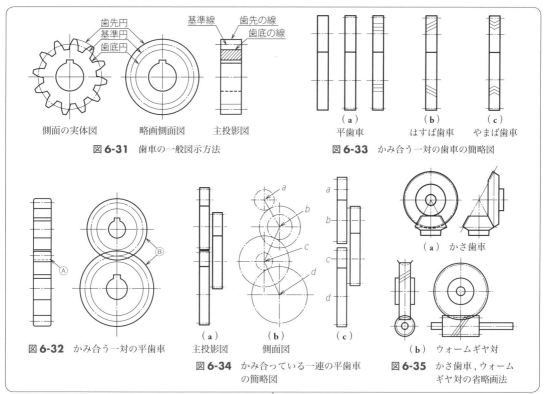

歯先円
基準円
歯底円

側面の実体図　　　　略画側面図

基準線　　　歯先の線
　　　　　　歯底の線

主投影図

図 6-31　歯車の一般図示方法

（a）　（b）　（c）
平歯車　　はすば歯車　　やまば歯車

図 6-33　かみ合う一対の歯車の簡略図

Ⓑ
Ⓐ

図 6-32　かみ合う一対の平歯車

a
b
c
d

（a）　　　（b）　　　（c）
主投影図　　側面図

図 6-34　かみ合っている一連の平歯車
　　　　　の簡略図

a
b
c
d

（a）　かさ歯車

（b）　ウォームギヤ対

図 6-35　かさ歯車，ウォーム
　　　　　ギヤ対の省略画法

図 6-31　歯車の製図においては，図示のような略画法を用い，歯形は省略する．線の使用法は，次の通りである．

① **歯先円**…太い実線
② **基準円**…細い一点鎖線
③ **歯底円**…細い実線

歯底円を示す線は，主投影図（歯車軸に直角な方向から見た図）を断面で図示するときは，太い実線で描く．これは歯車の歯は切断図示しない原則による（**p.047**参照）．ただし，歯底円は省略してもよく，とくにかさ歯車，ウォームホイールの側面図（歯車軸方向から見た図）では省略する．

図 6-32　かみ合う一対の平歯車の主投影図を断面図で図示するとき，かみ合い部の一方の歯先円を示す線は，破線（図中 Ⓐ）で描き，側面図（軸方向から見た図）では，どちらも太い実線（図中 Ⓑ）で描く．

図 6-33　歯車の系統図などでは，いっそう簡単に，基準円や歯底円を示す線などを適宜省略して描いてもよい．

ただし必要があれば，**歯すじ方向**を，3本の細い実線を用いて示しておけばよい．図（b），（c）は，それぞれはすば歯車，やまば歯車の歯すじの図示方法を示したものである．

図 6-34　いくつかの歯車がかみ合っている場合（これを歯車列という），図（b）により主投影図を正しく投影して図示すると図（a）となるが，中心間の実距離が表せないので，図（c）のように回転投影図の要領で，主投影図は軸心が一直線上になるように展開して描くのがよい．この場合，側面図と主投影図の投影関係は正しくならないが，やむをえない．

図 6-35　かさ歯車，ウォームおよびウォームホイールの，系統図などに用いる省略図示法を示したものである．かさ歯車の場合，すぐば歯車では歯すじ方向の記入を省略してよいが，他の場合はこれを明記しておくのがよい．

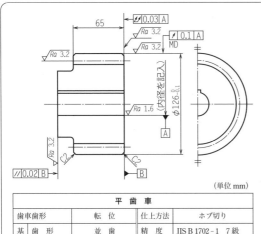

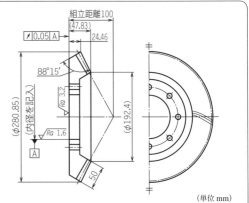

平 歯 車

歯車歯形		転　位	仕上方法		ホブ切り	
基準ラック	歯　形	並　歯	精　度		JIS B 1702-1　7級	
	モジュール	6			JIS B 1702-2　8級	
	圧力角	20°	参考データ	相手歯車歯数	50	
歯　数		18		相手歯車転位量	0	
基準円直径		108		中心距離	207	
転位量		＋3.16		バックラッシ	0.20〜0.89	
全歯たけ		13.34		材料		
歯厚	またぎ歯厚	47.96 $_{-0.38}^{-0.08}$ （またぎ歯数＝3）		熱処理		
				硬さ		

図6-36　平歯車

まがりばかさ歯車

区　別	大歯車	(小歯車)	区　別	大歯車	(小歯車)
歯切方法	スプレードブレード法		外端円すい距離	159.41	
カッタ直径	304.8		基準円すい角	60°24′	(29°36′)
モジュール	6.3		歯底円すい角	57°27′	
圧力角	20°		歯先円すい角	62°09′	
歯　数	44	(25)	歯厚 測定位置	外端歯先円部	
軸　角	90°		円弧歯厚	8.06	
ねじれ角	35°		仕上方法	研　削	
ねじれ方向	右		精　度	JIS B 1704　6級	
基準円直径	277.2		参考データ バックラッシ	0.18〜0.23	
歯たけ	11.89		材料	SCM 420 H	
歯末のたけ	3.69		熱処理	浸炭焼入焼戻し	
歯元のたけ	8.20		有効硬化層深さ	1.0〜1.5	
			硬さ（表面）	HRC 60±3	

図6-37　まがりばかさ歯車

　歯車の製作図を描く場合には，図だけを用いたのでは，歯車の製作上，きわめて重要な歯形，モジュール，圧力角などの要目を記入することはできない．

　そこで，図とともに要目表をつくり，図には，主として歯車素材を製作するのに必要な寸法を記入し，表には，歯切り，組立，検査などに必要な事項を記入して，これら両者を併用することにより，必要な精度を有する歯車の製作が滞りなくできるようにしなければならない．

　また，精度の高い歯車を製作する場合には，ふつうの歯車の製作用図面における要目表よりも，さらに詳細な事項を追記する．

　図6-36，**図6-37**　歯車の製作図と要目表の例を示した．前述のとおり，歯切り，組立，検査などに必要な事項は要目表に記入し，材料，熱処理，硬さなどの事項は，要目表の注記欄（本表では参考データの欄）または図中に記入する．以下，平歯車（**図6-36**）の要目表に

ある各事項を例として説明していく．

　①　歯車歯形…標準，転位などの区別を記入．

　②　基準ラックの歯形…並歯，低歯，高歯の区別を記入．

　③　基準ラックのモジュール…モジュールの標準値（JIS B 1701-2，前出の**表6-4**を参照）から選んで記入．

　④　基準ラックの圧力角…インボリュート歯車の圧力角（歯形の傾斜角度）は20°と記入（前出の**図6-27**を参照）．

　⑤　基準円直径…歯数×モジュールが基準円の直径であるから，ここでは歯数18×モジュール6なので，108を記入．

　⑥　歯厚…歯厚の測定法と寸法許容差を記入．

　⑦　仕上方法…歯の工作法などを記入．

　⑧　精度…JIS規定の精度等級を記入．

　なお，要目表は，本来，図面の右側に置くが，紙面の都合により製作図の下側に置いたので留意してほしい．

06-11　コイルばねの略画法

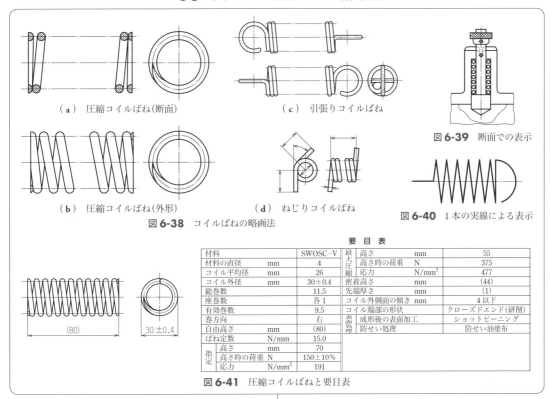

（a）　圧縮コイルばね（断面）

（c）　引張りコイルばね

図 6-39　断面での表示

（b）　圧縮コイルばね（外形）

（d）　ねじりコイルばね

図 6-38　コイルばねの略画法

図 6-40　1本の実線による表示

要目表

材料		SWOSC–V	最大圧縮	高さ	mm	55
材料の直径	mm	4		高さ時の荷重	N	375
コイル平均径	mm	26		応力	N/mm²	477
コイル外径	mm	30±0.4		密着高さ	mm	(44)
総巻数		11.5		先端厚さ	mm	(1)
座巻数		各 1		コイル外側面の傾き	mm	4 以下
有効巻数		9.5		コイル端部の形状		クローズドエンド（研削）
巻方向		右	表面処理	成形後の表面加工		ショットピーニング
自由高さ	mm	(80)		防せい処理		防せい油塗布
ばね定数	N/mm	15.0				
指定	高さ	mm	70			
	高さ時の荷重 N		150±10%			
	応力	N/mm²	191			

(80)　　30±0.4

図 6-41　圧縮コイルばねと要目表

図 6-38　硬鋼線やピアノ線などを円筒状に巻いてつくったコイルばねには，図示のように圧縮コイルばね，引張りコイルばね，ねじりコイルばねなどがあるが，これらの製図においては，このような省略図示法が用いられる．

ばねは，そのすべての部分を図示する場合もあるが，製図の手数を省略するために，両端を除いた同一形状部分の一部を省略して示すことが多い．この場合，ピッチおよび角度は実際によらず適当な角度の直線による折れ線とし，省略した部分はその線径の中心線だけを細い一点鎖線で表しておく．なお図（a）は断面図で，また図（b）～（d）は外形図で示した例である．

なおコイルばねは，荷重により種々変形するが，製図では無荷重の状態で描く．

またコイルばねは，ほとんど右巻きに巻かれるので，左巻きを必要とする場合にだけ，図の付近に“巻き方向 左”と明記しておかなければならない．

図 6-39　コイルばねは，組立図などで小さく描かれる場合には，断面（小円の連続）として表してもよい．

図 6-40　コイルばねは，さらに簡単に，その材料の中心線を1本の太い実線で表してよい．

図 6-41　図中に記入しにくい事項，たとえば材料，材料の直径，総巻数，有効巻数（ばねとしての機能をはたす部分の巻数），座巻数などは，図形と同じく重要であるので，別に要目表をつくり，これに一括して記入することとしている．

これに関連し，1995 年改正以前は，荷重と高さ（たわみ）との関係を線図を用いて示した図例（ばね線図）があったが，要目表と重複するため線図は削除された．

圧縮コイルばねの端末の形状は，端面図を添えるか，端末の厚さを材料寸法の1/4とし，これを図中に記入しておくのがよい．

06-12 重ね板ばねその他のばねの図示法

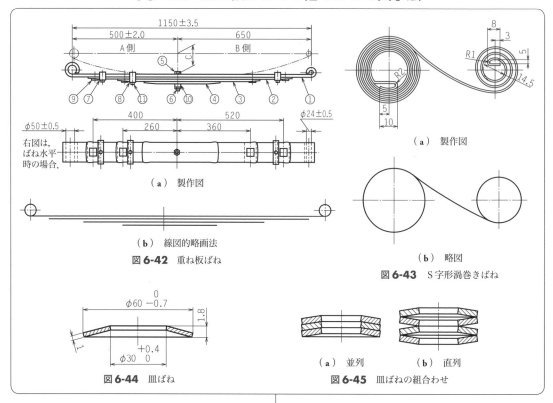

図 6-42 重ね板ばね

（a） 製作図

（b） 線図的略画法

図 6-43 S字形渦巻きばね

（a） 製作図

（b） 略図

図 6-44 皿ばね

図 6-45 皿ばねの組合わせ

（a） 並列　　　（b） 直列

図 **6-42** 自動車や鉄道車両などに用いられる重ね板ばねは，一般に長さの異なる数枚の板ばねを，長さの順に重ねて，ある程度のそりを与えたものである．

このようなばねでは，曲げ応力は中央部で最大となり，両端部分に行くに従って小さくなるから，その応力分布に従って，展開すればひし形になるようにばね材をそろえてある．

このばねでは，無荷重の場合にはばね材のそりのために描きにくくなるので，製図では原則としてばね材が水平一直線になる状態で描くことに定められている．しかし参考のために，無荷重の場合の両端の一部を，想像図として描き添えておくのがよい．

なおこれは製作図の場合であって，上記以外はすべて一般の製図と異なるところはない．また胴締めその他の部品は，別に部品図として描いておくのがよい．

また重ね板ばねの種類および形状だけを簡略に表す場合には，図（b）のように，ばね材料の中心線だけを太い実線で描けばよい．

図 **6-43** 渦巻きばねは，薄くて長いばね板を渦巻き状に巻いたもので，巻締められたときに蓄えた力を原動力とする場合に用いられる．渦巻きばねの製作図では，寸法の表示は両端末フック形状だけとし，他の形状および寸法は，とくに指示しないのが一般的である．図（b）は，簡略に表す図示法を示したもので，太い実線でその輪郭だけを示しておけばよい．

図 **6-44** 皿ばねは浅い円すい状のばねで，座金と同一の目的で用いることが多い．

図 **6-45** 皿ばねは数個重ねて用いる場合があるが，たわみを小さくする必要がある場合には図（a）の並列組合わせとし，たわみを大きくとるときは図（b）の直列組合わせとする．

なおばねには，上記のほか用途によりさまざまな種類のものがあるが，これらは一般の製図法に従って描けばよい．

06-13　転がり軸受の略画法

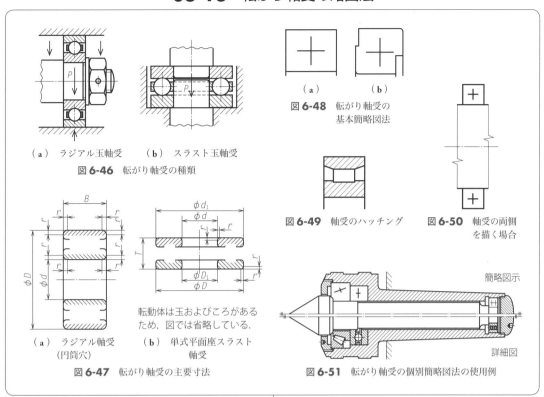

（a）　ラジアル玉軸受　　（b）　スラスト玉軸受

図 **6-46**　転がり軸受の種類

（a）　ラジアル軸受　　（b）　単式平面座スラスト
（円筒穴）　　　　　　　　軸受

転動体は玉およびころがある
ため，図では省略している.

図 **6-47**　転がり軸受の主要寸法

（a）　　　　　（b）

図 **6-48**　転がり軸受の
基本簡略図法

図 **6-49**　軸受のハッチング　　図 **6-50**　軸受の両側
を描く場合

簡略図示

詳細図

図 **6-51**　転がり軸受の個別簡略図法の使用例

図 **6-46**　転がり軸受は，玉（ボール）または ころ（ローラ）を転動体とする軸受であるが，転動体による転がり摩擦は，すべり摩擦に比べてはるかに小さいので，回転部分には欠かせないものとなっている.

転がり軸受には，玉軸受およびころ軸受のいずれにも，軸に垂直な荷重を受けるラジアル軸受と，軸方向に荷重を受けるスラスト軸受があるが，これらの中間的な性能をもつアンギュラ軸受や，円すいころ軸受その他のものがある.

図 **6-47**　転がり軸受は，一般に専門メーカーの製品をそのまま使用するので，製図に当たってはこの図に示された以外の部分の寸法は必要ではない.

図 **6-48**　一般的な目的のために転がり軸受を図示する場合には，図（a）のように四角形の中央に直立した十字を描いておけばよい. この十字は，外形線に接してはならない.

なお，図（b）は，軸受の正確な外形を示す必要がある場合の図示法を示したもので，その断面を実際に近い形状で示し，同様にその中央に直立した十字を描いておけばよい.

図 **6-49**　軸受の断面は，ハッチングを施さないのがよいが，必要な場合には，転動体を除いて，同一方向にハッチングを施せばよい.

図 **6-50**　軸受中心軸に対して軸受の両側を描く場合を示す.

表 **6-5**（次ページ）　転がり軸受の転動体の列数その他を，より詳細に示す必要がある場合には，この表に示す簡略図示方法によって示せばよい. 表の図要素の意味は，次の通りである.

① 長い直線…調心できない転動体の軸線.
② 長い円弧…調心できる転動体の軸線.
③ 短い直線…転動体の列数および位置.

図 **6-51**　表 **6-5** による簡略図示を用いた図例を示したものである.

参考のため，下半分は実際に近い形状で示してある.

表6-5　転がり軸受の個別簡略図示方法（JIS B 0005 – 2 : 1999）

（a）玉軸受およびころ軸受

簡略図示方法	適用	
	玉軸受 図例および規格	ころ軸受 図例および規格
	単列深溝玉軸受（JIS B 1512） ユニット用玉軸受（JIS B 1558）	単列円筒ころ軸受（JIS B 1512）
	複列深溝玉軸受（JIS B 1512）	複列円筒ころ軸受（JIS B 1512）
	自動調心玉軸受（JIS B 1512）	単列自動調心ころ軸受（JIS B 1512）
	単列アンギュラ玉軸受（JIS B 1512）	自動調心ころ軸受（JIS B 1512）
		単列円すいころ軸受（JIS B 1512）

（b）針状ころ軸受

簡略図示方法	図例および関連規格		
	ソリッド形針状ころ軸受（JIS B 1536）	内輪なしシェル形針状ころ軸受（JIS B 1512）	ラジアル保持器付き針状ころ軸受（JIS B 1512）
	複列ソリッド形針状ころ軸受	内輪なし複列シェル形針状ころ軸受	複列ラジアル保持器付き針状ころ

（c）スラスト軸受

簡略図示方法	適用	
	玉軸受 図例および規格	ころ軸受 図例および規格
	単式スラスト玉軸受（JIS B 1512）	単式スラストころ軸受 スラスト保持器付き針状ころ（JIS B 1512） スラスト保持器付き円筒ころ
	複式スラストアンギュラ玉軸受（JIS B 1512）	—
	複式スラストアンギュラ玉軸受（JIS B 1512）	—
	調心座付き単式スラスト玉軸受（JIS B 1512）	—
	調心座付き複式スラスト玉軸受（JIS B 1512）	スラスト自動調心ころ軸受（JIS B 1512）

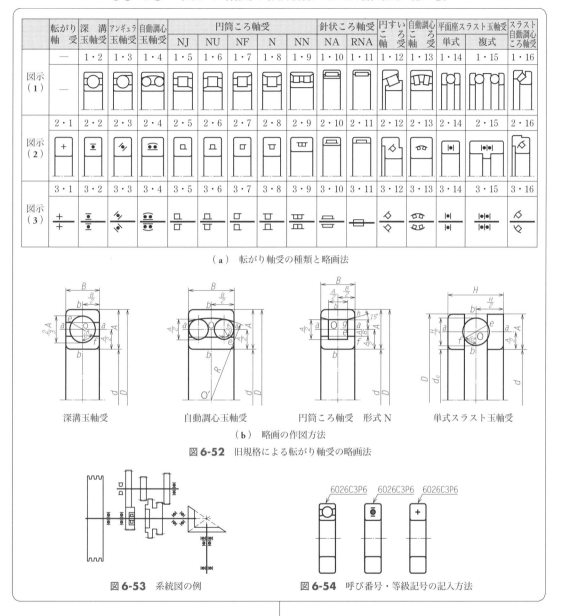

（ a ）　転がり軸受の種類と略画法

深溝玉軸受　　自動調心玉軸受　　円筒ころ軸受　形式 N　　単式スラスト玉軸受

（ b ）　略画の作図方法

図6-52　旧規格による転がり軸受の略画法

図6-53　系統図の例　　　　　**図6-54**　呼び番号・等級記号の記入方法

前ページまでは，ISO に準拠して 1999 年に制定された転がり軸受の簡略図示法を示したものである．1999 年に廃止された旧規格（JIS B 0005：1973　転がり軸受製図）による略画法は，いままでの図面や文献に残っているので，参考までに示しておく．

図6-52　旧規格による略画法は，使用目的により，3 種類に分けられる〔図（ a ）参照〕．

図示（ 1 ）　転がり軸受の輪郭と内部構造の概

要を図示する場合．

図示（ 2 ）　転がり軸受の輪郭と記号を併用する場合．

図示（ 3 ）　系統図などで，転がり軸受であることを記号だけで表示する場合．

図6-53　上記の図示（ 3 ）の記号を用いた系統図の例を示す．

図6-54　転がり軸受に呼び番号その他を指示する例を示す．

06-16 キーの種類

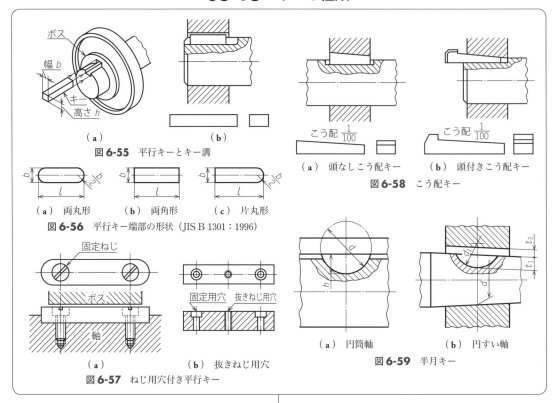

ボス
幅 b
キー高さ h

（a）　　　　　　　（b）
図6-55　平行キーとキー溝

（a）　両丸形　（b）　両角形　（c）　片丸形
図6-56　平行キー端部の形状（JIS B 1301：1996）

固定ねじ
ボス
軸
（a）

固定用穴　抜きねじ用穴
（b）　抜きねじ用穴
図6-57　ねじ用穴付き平行キー

こう配 $\frac{1}{100}$
（a）　頭なしこう配キー

こう配 $\frac{1}{100}$
（b）　頭付きこう配キー
図6-58　こう配キー

（a）　円筒軸　　（b）　円すい軸
図6-59　半月キー

　軸に歯車その他の回転体を取り付けるような場合，取付け，取外しがしやすいように，その両者をゆるいはめあいでつくり，それぞれに溝をうがっておき，これにキーという部品を差し込んで固定することが多い．

　キーには，その使用個所によって，平行キー，こう配キー，半月キーがある．

　図6-55　平行キーは，上下左右の面が平行につくられたキーで，最も一般的なものである．このキーでは，キー幅およびキー溝幅の寸法許容差によって，滑動形，普通形および締込み形の3通り（**p.113** 参照）に分けられ，またその端部には，**図6-56**のような3種類のものがある．

　図6-57　ねじ用穴付き平行キーは，以前は，すべりキー，フェザーキーとも呼ばれ，トルクを伝達するとともに，軸上をボスが滑動できるようにしたキーである．キーにはこう配がなく，1～3個の小ねじで軸に固定しておく．必要があ

ればこのほかに抜きねじ用のねじ穴を設けておき，この穴にねじをねじ込んでキーを取り外す．

　図6-58　こう配キーは，キーの上面に1：100のこう配をもたせたもので，頭なしのものと頭付きのものがあり，前者は，ハンマで打ち込んで固く装着する場合に使用される．

　図6-59　半月キーは，ウッドラフキーとも呼ばれ，文字どおり半月形をしたキーで，自動車，工作機械をはじめ，一般の機械に広く使用されている．軸のキー溝もキーをかたどって半月形に掘られるため，軸の強度の低下が大きいが，軸とボスのはめあいは，キーの円弧上のすべりによって自動的に行われるという利点を有する．伝達トルクの比較的小さい場合や，テーパ軸の場合などに用いられる．

　半月キーは，切削または打抜き加工によってつくられる．その底面は全円弧のもの（記号WA）と，下端の一部に上面と平行な平面を設けたもの（記号WB）がある．

06-17　キー溝の表し方

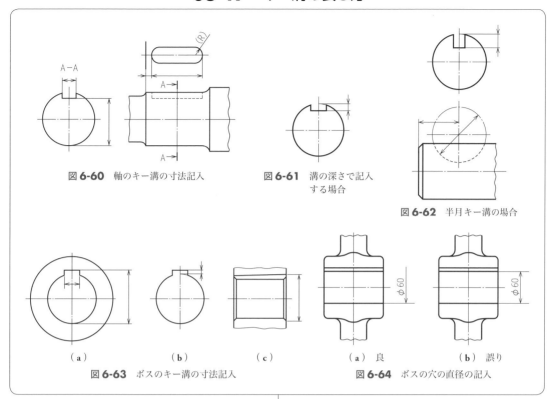

図 **6-60**　軸のキー溝の寸法記入

図 **6-61**　溝の深さで記入する場合

図 **6-62**　半月キー溝の場合

（a）　　　　（b）　　　　（c）
図 **6-63**　ボスのキー溝の寸法記入

（a）良　　　　（b）誤り
図 **6-64**　ボスの穴の直径の記入

図 **6-60**　キー溝を図示するには，その幅，深さ，長さおよび位置を示さなければならない．図例はエンドミル加工によって行うキー溝を設ける場合の図示法を示したものであるが，一般にキー溝の深さは，実測しやすいように，キー溝の底とその反対側に位置する円筒面との間隔で示すのがよい．

またキー溝の平面形状は，局部投影図を用いて描き，これを主となる投影図と細い実線を用いて結んでおく．この場合の溝端部の半径は，溝幅（エンドミルの直径）で決まるため，寸法を記入せず，単にRの文字（半径の記号）をかっこに入れて記入しておけばよい．

図 **6-61**　キー溝の深さの寸法は，場合によっては，キー溝の中心上における軸の円筒面から，キー溝の底までの距離で示してもよい．これは工具の切込み深さ寸法を示すことになり，工作上ではこのほうが都合がよいことが多い．

図 **6-62**　半月キーにおけるキー溝の場合で

は，フライスで溝の加工を行うので，工具の中心の位置および切込み深さを示しておかなければならない．

他のキーの場合のキー溝も，フライスにより加工することがあるが，この場合は軸心方向における工具の移動距離を示しておけばよい．

図 **6-63**　ボスのキー溝についても，図示のように，キー溝の底から，反対側または同方向側の円筒面までの距離のいずれかで表せばよい．なお，こう配キーのキー溝の深さは，同図（c）のように，キー溝の深い側の寸法で記入することになっている．

図 **6-64**　キー溝が現れたボスの断面図において，その直径の寸法を記入する場合には，図（a）に示すように，寸法線のキー溝の側には，矢印は付けてはならない．これは図（b）のように示した場合には，直径でなく，穴の下端からキー溝の下端までの距離を示すことになるからである．

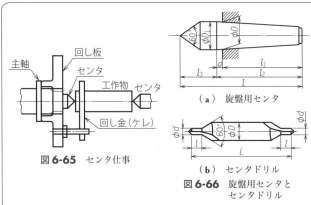

図6-65　センタ仕事

（a）旋盤用センタ

（b）センタドリル

図6-66　旋盤用センタと
センタドリル

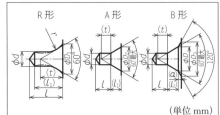

表6-6　60度センタ穴（JIS B 1011：1987）

R形　A形　B形

（単位 mm）

d 呼び	種　類				
	R形	A形		B形	
	D_1	D_2	t	D_3	t
(0.5)	—	1.06	0.5	1.6	0.5
(0.63)	—	1.32	0.6	2	0.6
(0.8)	—	1.7	0.7	2.5	0.7
1	2.12	2.12	0.9	3.15	0.9
(1.25)	2.65	2.65	1.1	4	1.1
1.6	3.35	3.35	1.4	5	1.4
2	4.25	4.25	1.8	6.3	1.8
2.5	5.3	5.3	2.2	8	2.2
3.15	6.7	6.7	2.8	10	2.8
4	8.5	8.5	3.5	12.5	3.5
(5)	10.6	10.6	4.4	16	4.4
6.3	13.2	13.2	5.5	18	5.5
(8)	17	17	7.0	22.4	7.0
10	21.2	21.2	8.7	28	8.7

表6-7　センタ穴の記号および呼び方の図示方法（JIS B 0041：1999）

要求事項	記　号	呼 び 方
センタ穴を最終仕上がり部品に残す場合		JIS B 0041-B2.5/8
センタ穴を最終仕上がり部品に残してもよい場合		JIS B 0041-B2.5/8
センタ穴を最終仕上がり部品に残してはならない場合		JIS B 0041-B2.5/8

図6-65　軸などのように，丸くて長い工作物は，一般に旋盤によって加工されるが，その場合，工作物の一端あるいは両端を，センタというとがった円すい状の取付け具で支えて作業を行う．このような加工を，センタ仕事といっている．

これに対し，短い品物では，センタを使用せず，チャックで工作物をくわえて加工を行うので，この場合はチャック仕事という．図は，両センタで支えた状態を示す．

図6-66　センタで支えるためには，素材にあらかじめそのための穴をうがっておかなければならない．この穴を**センタ穴**という．センタ穴をうがつ専用のドリルをセンタドリルという．

表6-6　センタ穴にはJISに規定があり，その先端の角度60°で，その形状によりR形，A形およびB形のものがある．

表6-7　このようなセンタ穴は，JIS B 0041

センタ穴の簡略図示法によって，図示のような記号を用いて記入することになっている．

ところで，このセンタ穴は，加工あるいは検査の便宜のためにあけられるものであり，完成品にこの穴を残しておかなければならない場合，残してもよい場合，および残ってはならない場合の3通りが考えられる．そこで，表示のようなそれぞれの記号を用いてそれらを指示するのであるが，それに続けて，次のようにセンタ穴の呼び方を記入しておくのがよい．

〔**例**〕　JIS B 0041 - B2.5/8

〔**説明**〕　JIS B 0041：この規格の規格番号，-B：センタ穴の種類の記号（R，AまたはB），2.5：パイロット穴径 d，8：ざぐり穴径 D（D_1 ～ D_3）．d と D の間を斜線 / で区切る．

ただし，センタ穴を残してもよい場合の記号は無記号なので，穴の中心線から直接引出線を引き出して記入すればよい．

07章 寸法公差とはめあい

07-1 限界ゲージについて

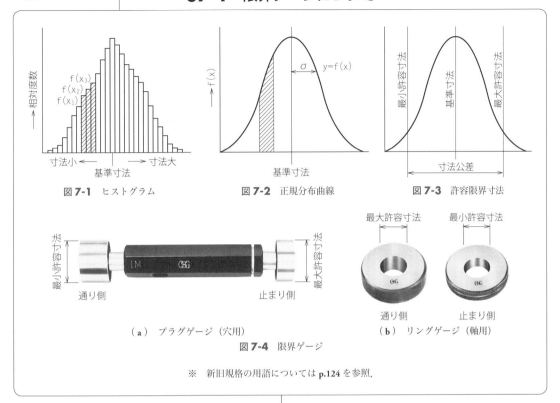

図 **7-1** ヒストグラム

図 **7-2** 正規分布曲線

図 **7-3** 許容限界寸法

（a） プラグゲージ（穴用）

（b） リングゲージ（軸用）

図 **7-4** 限界ゲージ

※ 新旧規格の用語については **p.124** を参照.

図 **7-1** 実際の工作において，図面に記入された寸法（これを**基準寸法**という）ぴったりに加工することはきわめて困難であり，仕上がった寸法は，種々の原因による工作誤差のため，いくつかの寸法段階のグループをつくり，一般に図に示すように，中央が高く左右に段々低くなる傾向を示すことが知られている．このような図を**ヒストグラム**という．

図 **7-2** 寸法段階の幅を狭くとると，図のような曲線となり，これを**正規分布曲線**という．

図 **7-3** ところで実際の加工において，この曲線の中央，すなわち基準寸法に仕上がったものばかりでなく，その両側に広がったすそ野の部分のものでも，実用に耐えるものも多いはずである．そこで図に示すように，基準寸法の両側に，実用上差し支えのない限界の寸法（**許容限界寸法**という）を定め，この範囲以内に仕上がっているものをすべて合格品であるとすれば，きわめて経済的となる．この場合の許容限界寸法のうち，大きいほうを**最大許容寸法**，小さいほうを**最小許容寸法**という．また，これら両者の差を，**寸法公差**という．

図 **7-4** 製作された品物が，上記の許容限界寸法以内に仕上がっているかどうかを検査するために，いちいち寸法を測定するのはたいへんであるから，図示のような**限界ゲージ**というものを用いる．これには穴用と軸用のものがあり，それぞれ所定の許容限界寸法に仕上げられた通り側と止まり側がある．

穴用のゲージでは，通り側が最小許容寸法に，止まり側が最大許容寸法に仕上げられており，軸用のゲージではこの反対になっている．そこでいずれのゲージでも，工作物が通り側で通り，止まり側で通らなければ，それが許容限界寸法内に仕上がっていることが証明されたことになり，合格とされるわけである．

このように限界ゲージは，大量生産になくてはならない検査器具であるとされている．

07-2　はめあいの種類

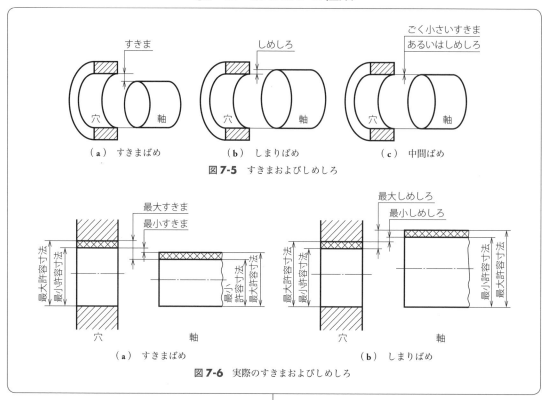

図7-5　すきまおよびしめしろ

図7-6　実際のすきまおよびしめしろ

　図7-5　機械の部品などでは，歯車と軸のように，丸い穴と軸をはめあわせて使用するものがはなはだ多い．このような関係を，**はめあい**という．

　はめあいにおいて，両者が自由に滑動することが必要な場合には，図（a）のように，穴を大きく，軸を小さくしてその間に**すきま**を設ける．このようなはめあいを**すきまばめ**という．

　また，両者が固くはまりあって動かないことが必要な場合には，穴を小さく，軸を大きくしてその間に**しめしろ**を設ける．このようなはめあいを**しまりばめ**という．

　なおこれらの中間の状態として，ごく小さいすきま，あるいはしめしろがある場合のはめあいを，**中間ばめ**という．

　図7-6　はめあい部品を製作する場合には，穴と軸のいずれに対しても，前述の許容限界寸法を与えて加工するので，実際に仕上がった寸法（これを実寸法という）によって，その両者

の関係はかなり変動する．

　すなわち図（a）に示すように，すきまばめにおいては，穴が最大許容寸法に，また軸が最小許容寸法に仕上がったとき，そのすきまは最大となり，逆に穴が最小許容寸法に，また軸が最大許容寸法に仕上がったとき，そのすきまは最小となって，これらをそれぞれ**最大すきま**，**最小すきま**という．

　また図（b）のように，しまりばめの場合はこの反対となり，同様にこれらをそれぞれ**最小しめしろ**，**最大しめしろ**という．

　実際にはこれらのいずれの場合でも，このような極端な組合わせになることは少なく，やはり穴や軸の単品のときのように，多くの場合，正規分布曲線を示す．

　このように，すきま，あるいはしめしろを管理して，それらのどれとどれを組み合わせても，必要なはめあい機能が得られるようにした方式を，**はめあい方式**という．

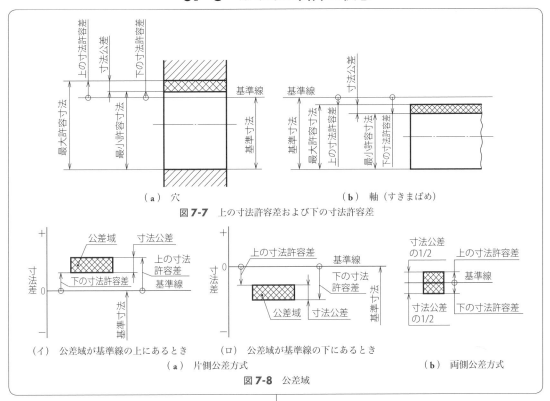

（a）穴　　　　　　　　　　　　　　　（b）軸（すきまばめ）

図 **7-7**　上の寸法許容差および下の寸法許容差

（イ）公差域が基準線の上にあるとき　　（ロ）公差域が基準線の下にあるとき　　（b）両側公差方式

（a）片側公差方式

図 **7-8**　公差域

図 **7-7**　さて，はめあい方式においては，一般に穴と軸を一緒に考えなければならないので，その基準寸法（図面に記入された寸法）は，穴・軸共用のものとして，はめあい関係を考える上で，これを図示したものを**基準線**と呼び，すべての許容限界寸法は，この基準線に対する位置によって表すことにする．

図において，最大許容寸法と基準寸法の差を，**上の寸法許容差**といい，最小許容寸法と基準寸法の差を，**下の寸法許容差**という．

すなわち，図（a）の穴の場合では，寸法公差の位置が，基準線より上にあるから，その最大許容寸法は，基準寸法に上の寸法許容差を加えた値として表すことができる．同じく最小許容寸法は，基準寸法に下の寸法許容差を加えたものとして表される．

また図（b）の軸（すきまばめ）の場合では，寸法公差の位置が基準線の下にあるから，その最大許容寸法は，基準寸法から上の寸法許容差

を差し引いた値として表すことができ，同じく最小許容寸法は，基準寸法から下の寸法許容差を差し引いた値として表されるのである．

図 **7-8**　寸法公差を図示したとき，基準線に対して，最大許容寸法と，最小許容寸法を表す2本の直線の間の領域を，**公差域**という．しかしこのように表すのはわずらわしいから，図示のように，すべて基準線からの位置，すなわち上の寸法許容差と，下の寸法許容差とによって公差域を表すのである．

このように，公差域が，基準線の上または下のいずれかの位置にあるものを，**片側公差方式**といい，公差域が基準線の両側にまたがった位置にあるものを，**両側公差方式**という．

寸法許容差の数値を表す場合には，公差域が基準線の上にあれば，それらの寸法許容差の値には，正の記号（＋）を，下にあれば同じく負の記号（－）を付ける．また，両側公差方式で同じ値の場合には，正負の記号（±）を付けて示す．

07-4　基準寸法の区分および等級

表7-1　基準寸法の区分（mm）

主要区分		中間区分	
を超え	以下	を超え	以下
—	3	下位区分なし	
3	6		
6	10		
10	18	10	14
		14	18
18	30	18	24
		24	30
30	50	30	40
		40	50
50	80	50	65
		65	80
80	120	80	100
		100	120
120	180	120	140
		140	160
		160	180
180	250	180	200
		200	225
		225	250
250	315	250	280
		280	315
315	400	315	355
		355	400
400	500	400	450
		450	500

表7-2　IT 基本公差の数値

基準寸法（mm）		公　差　等　級					
を超え	以下	IT 5	IT 6	IT 7	IT 8	IT 9	IT 10
		基本公差の数値（μm）					
—	3	4	6	10	14	25	40
3	6	5	8	12	18	30	48
6	10	6	9	15	22	36	58
10	18	8	11	18	27	43	70
18	30	9	13	21	33	52	84
30	50	11	16	25	39	62	100
50	80	13	19	30	46	74	120
80	120	15	22	35	54	87	140
120	180	18	25	40	63	100	160
180	250	20	29	46	72	115	185
250	315	23	32	52	81	130	210
315	400	25	36	57	89	140	230
400	500	27	40	63	97	155	250

表7-1　一般に品物の精度というものは，細かいものほど高く，寸法が大きくなるに従って段々と低下するものである．そのため同じ部品であるからといって，小さい寸法のものにも大きい寸法のものにも同じ寸法公差を与えたのでは，小さいほうでは精度が不足し，大きいほうでは過剰になる．

したがって寸法公差を与えるとき，小さいものには小さい公差を，大きいものには大きい公差を与えるようにしなければならない．そこで規格では，寸法の大きさをいくつかの段階に区分し，同じ区分にある寸法には，一律に同じ寸法公差を与えることとしている．

表は，このような基準寸法の区分を示したものである．規格ではこれ以上の大きな寸法の区分についても規定しているが，はめあいには用いられないので本書では省略した．

一般の場合では，表中の主要区分によれば十分である．

しかし，とくに大きいすきまやしめしろを与える場合には，区分があまり大きすぎることになるので，このような場合に限り，中間区分のほうによることとしている．

表7-2　機械の部品などでは，いろいろな目的で使用されるので，同じ寸法であるからといって，同じ寸法公差を与えることはできない．

したがって上述の基準寸法の各区分に，品物の使用目的による公差の等級を定めている．これを**公差等級**といい，表示のように，基準寸法が同一の区分に属するものには，各等級ごとに，同一の寸法公差の数値（単位は μm であることに注意）が与えられている．

この公差等級は，規格では1〜18級の18等級が定めてあるが，はめあいに用いるものは，このうち表に示した5〜10級だけである．なお公差等級を表す場合には，その数値の前にIT（ISO tolerance の略）を付け，IT 6，IT 8のように表すことになっている．

07-5 穴基準式と軸基準式

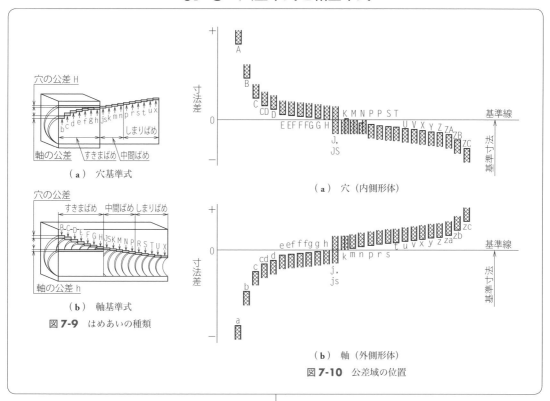

図**7-9** はめあいの種類

（a） 穴（内側形体）

（b） 軸（外側形体）

図**7-10** 公差域の位置

　図**7-9** はめあいにおいては，実際には最もゆるいすきまばめから，最もきついしまりばめまで，多くの段階があるので，その組合わせをなるべく単純にするため，穴，あるいは軸の，いずれか一方を基準にして，これにいろいろな軸，あるいは穴を組み合わせ，それぞれ必要なはめあいを得るという方法がとられている．前者を**穴基準式**，後者を**軸基準式**という．

　図（a）は，穴基準はめあいを示したものである．このように，基準寸法の穴（これを**基準穴**という）を定め，これに大小さまざまな軸を組み合わせて，必要なすきま，あるいはしめしろを得る方式である．また図（b）は，軸基準はめあいを示したもので，今度は基準寸法の軸（これを**基準軸**という）を定め，これに大小さまざまな穴を組み合わせて，必要なはめあいを得る方式である．

　JISの規格では，これらの両者が規定されているが，一般には，穴の加工のほうが，軸の加工よりも困難であるので，穴基準式によるほうが，有利な場合が多い．

　図**7-10** 規格に定められた穴と軸の種類には，公差域の位置により，図示のようなものがある．まず穴の場合では，基準線に対し，公差域の下端が，基準線から最も上側に置かれたものを大文字の記号Aで表し，次第に基準線に近づくに従ってB，C，…Gと定め，Hにおいてそれが基準線に一致する．次に今度は公差域の上端が，基準線から次第に離れるに従って，P，R，…ZCと定める．J，K，MおよびNは，これらの中間に位置するものである．

　また軸の場合では，公差域の上端が，基準線から最も下側に置かれたものを，小文字の記号aで表し，同様にb，c，…gを定め，hにおいてそれが基準線に一致する．以下同様にしてj，k，…zcが定められている．

　このH穴，h軸が，それぞれ穴基準式，軸基準式の基準となるのである．

07-6 多く用いられる穴基準はめあい

表7-3 多く用いられる穴基準はめあい

基準穴	すきまばめ							中間ばめ			しまりばめ						
H 6						g 5	h 5	js 5	k 5	m 5							
				f 6	g 6	h 6		js 6	k 6	m 6	n 6*	p 6*					
H 7				f 6	g 6	h 6		js 6	k 6	m 6	n 6*	p 6*	r 6*	s 6	t 6	u 6	x 6
				e 7	f 7		h 7	js 7									
H 8					f 7		h 7										
				e 8	f 8		h 8										
			d 9	e 9													
H 9			d 8	e 8			h 8										
		c 9	d 9	e 9			h 9										
H 10	b 9	c 9	d 9														

〔注〕 *これらのはめあいは，寸法の区分によっては例外を生じる．

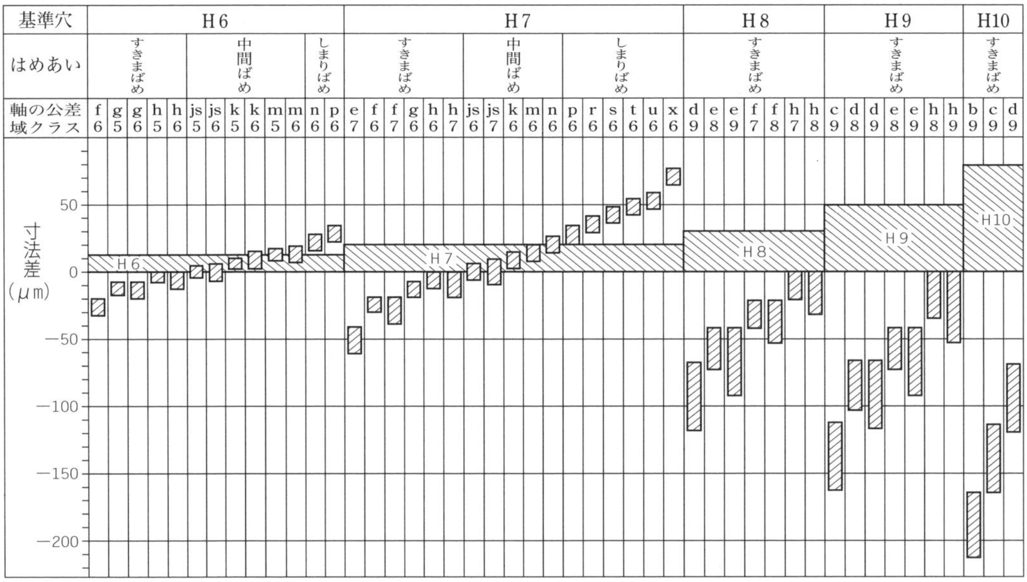

図7-11 多く用いられる穴基準はめあいにおける公差域の相互関係（図は基準寸法30 mm の場合を示す）

はめあいにおける穴および軸を呼ぶとき，前述の公差域を示す記号のあとに，公差等級の数字を組み合わせ，たとえばH7とかg6などのように呼ぶ．これを**公差域クラス**という．

はめあいに用いられる穴と軸とには，前述のように，多くの公差域クラスのものがあって，どれとどれを組み合わせてもよいが，しかしそれらの大部分は実用的ではないので，規格では，これらのうちから，実用性の高い組み合わせを選んで，それらを，穴基準式，軸基準式ごとに，**多く用いられるはめあい**として定め，それらの詳細なはめあいの数値を掲げている．

表7-3 多く用いられる穴基準式はめあいの組合わせを示す．基準穴としては，6 〜 10級のものが用いられている．

この穴基準式では，基準穴H 6，H 7に対するはめあいが，すきまばめ，中間ばめおよびしまりばめのすべてを含んでおり，とくにH 7穴に対するはめあいは，精度的にも最も実用性の高いはめあいであるといえる．ただし*を付けたはめあいは，実寸法によって，しめしろができたりできなかったりすることがある．

07-7　多く用いられる軸基準はめあい

表 7-4　多く用いられる軸基準はめあい

基準軸	穴の公差域クラス																
	すきまばめ							中間ばめ			しまりばめ						
h 5							H 6	JS 6	K 6	M 6	N 6*	P 6					
h 6					F 6	G 6	H 6	JS 6	K 6	M 6	N 6	P 6*					
					F 7	G 7	H 7	JS 7	K 7	M 7	N 7	P 7*	R 7	S 7	T 7	U 7	X 7
h 7				E 7	F 7		H 7										
					F 8		H 8										
h 8			D 8	E 8	F 8		H 8										
			D 9	E 9			H 9										
h 9			D 8	E 8			H 8										
		C 9	D 9	E 9			H 9										
	B 10	C 10	D 10														

〔注〕　*これらのはめあいは，寸法の区分によっては例外を生じる．

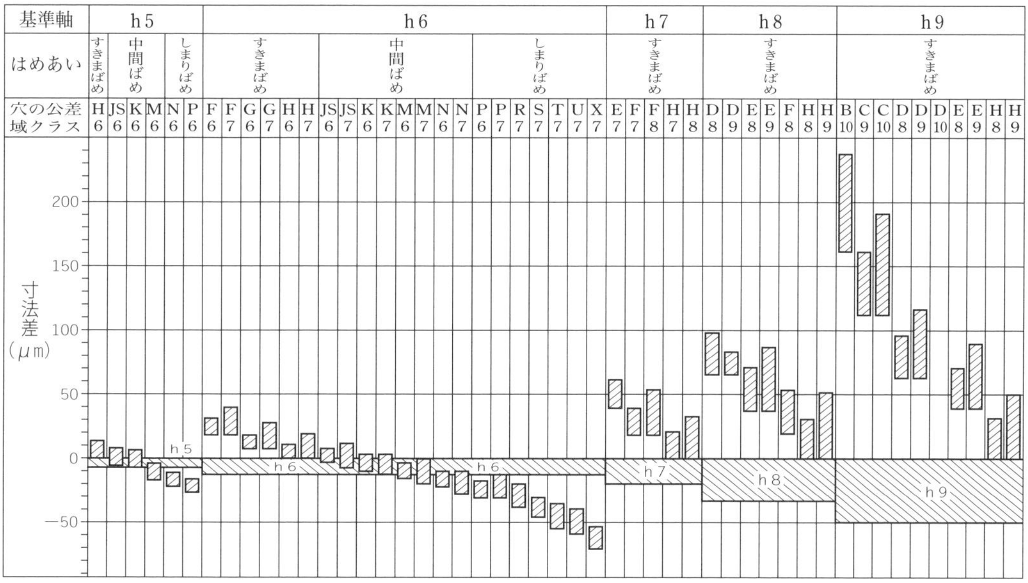

図 7-12　多く用いられる軸基準はめあいにおける公差域の相互関係（図は基準寸法 30 mm の場合を示す）

図 7-11（前ページ），図 7-12　穴基準式および軸基準式における多く用いられるはめあいの，公差域の相互の関係を図示したもので，H 穴では公差域の下側が，h 軸では同じく上側が，基準線に一致させてある．

図は，基準寸法が 30 mm の場合を示したものであるが，その他の寸法の場合でも，公差域の位置は異なるが，だいたいこのようなはめあい関係になることだけは変わらない．

表 7-4　多く用いられる軸基準はめあいの組合わせを示す．基準軸としては 5 ～ 9 級のものが用いられている．

なお前述したように，穴の加工よりも，軸の加工のほうが容易であるので，これらの組合わせのうち，一般には軸のほうの等級を，1 級上げた組合わせを用いることが多い．このことは，穴基準はめあいの場合においても同様である．

軸基準式は，穴基準式に比べ，やや不経済なので，特殊な場合，たとえば同じ軸に多くの穴部品を組み付けるような場合に限って採用されることが多い．

07-8 寸法許容差の求め方

表7-5 穴の寸法許容差の求め方（単位 μm）

基準寸法の区分(mm)		穴 の 公 差 域 ク ラ ス																
を超え	以下	D8	E7	E8	F7	F8	G7	H7	H8	JS7	K7	M7	N7	P7	R7	S7	T7	U7	X7
								↓											
50	65	←	─	─	─	─	─	→	+30										
65	80							0											
80	100																		
100	125																		

〔注〕基準寸法の区分において，"以下"とあるものはその数値を含み，"を超え"とあるものはその数値を含まない．
例 80以下…80を含み，それより小さいもの．
80を超え…80を含まず，それより大きいもの．

〔備考〕表中の各段で，上側の数値は上の寸法許容差，下側の数値は下の寸法許容差を示す．

表7-6 軸の寸法許容差の求め方（単位 μm）

基準寸法の区分(mm)		軸 の 公 差 域 ク ラ ス																
を超え	以下	e7	f6	f7	g6	h7	h6	js5	js7	k6	m6	n6	p6	r6	s6	t6	u6	n6	x6
					↓														
50	65	─	─	─	→	−10													
65	80					−29													
80	100																		
100	125																		

〔注〕基準寸法の区分において，"以下"とあるものはその数値を含み，"を超え"とあるものはその数値を含まない．
例 80以下…80を含み，それより小さいもの．
80を超え…80を含まず，それより大きいもの．

〔備考〕表中の各段で，上側の数値は上の寸法許容差，下側の数値は下の寸法許容差を示す．

表7-5 いま一例として，ϕ80H7という穴の，最大および最小許容寸法を求めてみよう．

表は p.089 の **表7-7** の一部分を掲げたものである．左欄の基準寸法の区分を下にたどると，80という欄は2か所あるが，この場合は80を超えていないので，80以下の欄を使用し，公差域クラスH7の欄との合致する欄の数値を求めれば，上の寸法許容差+30，下の寸法許容差0が得られる．ただしこれらの単位は μm であるから，これを mm に換算して使用する．

穴の最大許容寸法＝基準寸法＋上の寸法許容差であるから，

$$80.000 + 0.030 = \mathbf{80.030}$$

穴の最小許容寸法＝基準寸法＋下の寸法許容差であるから，

$$80.000 + 0.000 = \mathbf{80.000}$$

という数値が得られる．

表7-6 また一例として，ϕ80g6という軸の，最大および最小許容寸法を求めてみよう．

この表は p.090 の **表7-8** の一部分であり，上と同様にして，上の寸法許容差−10，下の寸法許容差−29を得る．

軸の最大許容寸法＝基準寸法＋上の寸法許容差から，

$$80.000 + (-0.010) = \mathbf{79.990}$$

軸の最小許容寸法＝基準寸法＋下の寸法許容差から，

$$80.000 + (-0.029) = \mathbf{79.971}$$

という数値が得られる．この場合は，軸の寸法が小さいので，すきまばめとなる．

最大すきま＝穴の最大許容寸法−軸の最小許容寸法から，

$$80.030 - 79.971 = \mathbf{0.059}$$

最小すきま＝穴の最小許容寸法−軸の最大許容寸法から，

$$80.000 - 79.990 = \mathbf{0.010}$$

以上はすきまばめの例であるが，しまりばめでも同様にして求めることができる．

表7-7 多く用いられるはめあいで用いる穴の寸法許容差（単位 μm）

超え	以下	D8	E7	E8	F7	F8	G7	H7	H8	JS7	K7	M7	N7	P7	R7	S7	T7	U7	X7
—	3	+34/+20	+24/+14	+28/+14	+16/+6	+20/+6	+12/+2	+10/0	+14/0	±5	0/−10	−2/−12	−4/−14	−6/−16	−10/−20	−14/−24	—	−18/−28	−20/−30
3	6	+48/+30	+32/+20	+38/+20	+22/+10	+28/+10	+16/+4	+12/0	+18/0	±6	+3/−9	0/−12	−4/−16	−8/−20	−11/−23	−15/−27	—	−19/−31	−24/−36
6	10	+62/+40	+40/+25	+47/+25	+28/+13	+35/+13	+20/+5	+15/0	+22/0	±7.5	+5/−10	0/−15	−4/−19	−9/−24	−13/−28	−17/−32	—	−22/−37	−28/−43
10	14	+77/+50	+50/+32	+59/+32	+34/+16	+43/+16	+24/+6	+18/0	+27/0	±9	+6/−12	0/−18	−5/−23	−11/−29	−16/−34	−21/−39		−26/−44	−33/−51
14	18	+77/+50	+50/+32	+59/+32	+34/+16	+43/+16	+24/+6	+18/0	+27/0	±9	+6/−12	0/−18	−5/−23	−11/−29	−16/−34	−21/−39		−26/−44	−38/−56
18	24	+98/+65	+61/+40	+73/+40	+41/+20	+53/+20	+28/+7	+21/0	+33/0	±10.5	+6/−15	0/−21	−7/−28	−14/−35	−20/−41	−27/−48	—	−33/−54	−46/−67
24	30	+98/+65	+61/+40	+73/+40	+41/+20	+53/+20	+28/+7	+21/0	+33/0	±10.5	+6/−15	0/−21	−7/−28	−14/−35	−20/−41	−27/−48	−33/−54	−40/−61	−56/−77
30	40	+119/+80	+75/+50	+89/+50	+50/+25	+64/+25	+34/+9	+25/0	+39/0	±12.5	+7/−18	0/−25	−8/−33	−17/−42	−25/−50	−34/−59	−39/−64	−51/−76	−71/−96
40	50	+119/+80	+75/+50	+89/+50	+50/+25	+64/+25	+34/+9	+25/0	+39/0	±12.5	+7/−18	0/−25	−8/−33	−17/−42	−25/−50	−34/−59	−45/−70	−61/−86	−88/−113
50	65	+146/+100	+90/+60	+106/+60	+60/+30	+76/+30	+40/+10	+30/0	+46/0	±15	+9/−21	0/−30	−9/−39	−21/−51	−30/−60	−42/−72	−55/−85	−76/−106	−111/−141
65	80	+146/+100	+90/+60	+106/+60	+60/+30	+76/+30	+40/+10	+30/0	+46/0	±15	+9/−21	0/−30	−9/−39	−21/−51	−32/−62	−48/−78	−64/−94	−91/−121	−135/−165
80	100	+174/+120	+107/+72	+126/+72	+71/+36	+90/+36	+47/+12	+35/0	+54/0	±17.5	+10/−25	0/−35	−10/−45	−24/−59	−38/−73	−58/−93	−78/−113	−111/−146	−165/−200
100	120	+174/+120	+107/+72	+126/+72	+71/+36	+90/+36	+47/+12	+35/0	+54/0	±17.5	+10/−25	0/−35	−10/−45	−24/−59	−41/−76	−66/−101	−91/−126	−131/−166	−197/−232
120	140	+208/+145	+125/+85	+148/+85	+83/+43	+106/+43	+54/+14	+40/0	+63/0	±20	+12/−28	0/−40	−12/−52	−28/−68	−48/−88	−77/−117	−107/−147	−155/−195	−233/−273
140	160	+208/+145	+125/+85	+148/+85	+83/+43	+106/+43	+54/+14	+40/0	+63/0	±20	+12/−28	0/−40	−12/−52	−28/−68	−50/−90	−85/−125	−119/−159	−175/−215	−265/−305
160	180	+208/+145	+125/+85	+148/+85	+83/+43	+106/+43	+54/+14	+40/0	+63/0	±20	+12/−28	0/−40	−12/−52	−28/−68	−53/−93	−93/−133	−131/−171	−195/−235	−295/−335
180	200	+242/+170	+146/+100	+172/+100	+96/+50	+122/+50	+61/+15	+46/0	+72/0	±23	+13/−33	0/−46	−14/−60	−33/−79	−60/−106	−105/−151	−149/−195	−219/−265	−333/−379
200	225	+242/+170	+146/+100	+172/+100	+96/+50	+122/+50	+61/+15	+46/0	+72/0	±23	+13/−33	0/−46	−14/−60	−33/−79	−63/−109	−113/−159	−163/−209	−241/−287	−368/−414
225	250	+242/+170	+146/+100	+172/+100	+96/+50	+122/+50	+61/+15	+46/0	+72/0	±23	+13/−33	0/−46	−14/−60	−33/−79	−67/−113	−123/−169	−179/−225	−267/−313	−408/−454
250	280	+271/+190	+162/+110	+191/+110	+108/+56	+137/+56	+69/+17	+52/0	+81/0	±26	+16/−36	0/−52	−14/−66	−36/−88	−74/−126	−138/−190	−198/−250	−295/−347	−455/−507
280	315	+271/+190	+162/+110	+191/+110	+108/+56	+137/+56	+69/+17	+52/0	+81/0	±26	+16/−36	0/−52	−14/−66	−36/−88	−78/−130	−150/−202	−220/−272	−330/−382	−505/−557
315	355	+299/+210	+182/+125	+214/+125	+119/+62	+151/+62	+75/+18	+57/0	+89/0	±28.5	+17/−40	0/−57	−16/−73	−41/−98	−87/−144	−169/−226	−247/−304	−369/−426	−569/−626
355	400	+299/+210	+182/+125	+214/+125	+119/+62	+151/+62	+75/+18	+57/0	+89/0	±28.5	+17/−40	0/−57	−16/−73	−41/−98	−93/−150	−187/−244	−273/−330	−414/−471	−639/−696
400	450	+327/+230	+198/+135	+232/+135	+131/+68	+165/+68	+83/+20	+63/0	+97/0	±31.5	+18/−45	0/−63	−17/−80	−45/−108	−103/−166	−209/−272	−307/−370	−467/−530	−717/−780
450	500	+327/+230	+198/+135	+232/+135	+131/+68	+165/+68	+83/+20	+63/0	+97/0	±31.5	+18/−45	0/−63	−17/−80	−45/−108	−109/−172	−229/−292	−337/−400	−517/−580	−797/−860

基準寸法の区分（mm）／穴の公差域クラス

〔備考〕 表中の各段で，上側の数値は上の寸法許容差，下側の数値は下の寸法許容差を示す．

表7-8　多く用いられるはめあいで用いる軸の寸法許容差（単位 μm）

基準寸法の区分（mm） を超え	以下	軸 の 公 差 域 ク ラ ス e7	f6	f7	g6	h6	h7	js6	js7	k6	m6	n6	p6	r6	s6	t6	u6	x6
—	3	−14 −24	−6 −12	−6 −16	−2 −8	0 −6	0 −10	±3	±5	+6 0	+8 +2	+10 +4	+12 +6	+16 +10	+20 +14	—	+24 +18	+26 +20
3	6	−20 −32	−10 −18	−10 −22	−4 −12	0 −8	0 −12	±4	±6	+9 +1	+12 +4	+16 +8	+20 +12	+23 +15	+27 +19	—	+31 +23	+36 +28
6	10	−25 −40	−13 −22	−13 −28	−5 −14	0 −9	0 −15	±4.5	±7.5	+10 +1	+15 +6	+19 +10	+24 +15	+28 +19	+32 +23	—	+37 +28	+43 +34
10	14	−32 −50	−16 −27	−16 −34	−6 −17	0 −11	0 −18	±5.5	±9	+12 +1	+18 +7	+23 +12	+29 +18	+34 +23	+39 +28	—	+44 +33	+51 +40
14	18																	+56 +45
18	24	−40 −61	−20 −33	−20 −41	−7 −20	0 −13	0 −21	±6.5	±10.5	+15 +2	+21 +8	+28 +15	+35 +22	+41 +28	+48 +35	—	+54 +41	+67 +54
24	30															+54 +41	+61 +48	+77 +64
30	40	−50 −75	−25 −41	−25 −50	−9 −25	−0 −16	0 −25	±8	±12.5	+18 +2	+25 +9	+33 +17	+42 +26	+50 +34	+59 +43	+64 +48	+76 +60	+96 +80
40	50															+70 +54	+86 +70	+113 +97
50	65	−60 −90	−30 −49	−30 −60	−10 −29	0 −19	0 −30	±9.5	±15	+21 +2	+30 +11	+39 +20	+51 +32	+60 +41	+72 +53	+85 +66	+106 +87	+141 +122
65	80													+62 +43	+78 +59	+94 +75	+121 +102	+165 +146
80	100	−72 −107	−36 −58	−36 −71	−12 −34	0 −22	0 −35	±11	±17.5	+25 +3	+35 +13	+45 +23	+59 +37	+73 +51	+93 +71	+113 +91	+146 +124	+200 +178
100	120													+76 +54	+101 +79	+126 +104	+166 +144	+232 +210
120	140	−85 −125	−43 −68	−43 −83	−14 −39	0 −25	0 −40	±12.5	±20	+28 +3	+40 +15	+52 +27	+68 +43	+88 +63	+117 +92	+147 +122	+195 +170	+273 +248
140	160													+90 +65	+125 +100	+159 +134	+215 +190	+305 +280
160	180													+93 +68	+133 +108	+171 +146	+235 +210	+335 +310
180	200	−100 −146	−50 −79	−50 −96	−15 −44	0 −29	0 −46	±14.5	±23	+33 +4	+46 +17	+60 +31	+79 +50	+106 +77	+151 +122	+195 +166	+265 +236	+379 +350
200	225													+109 +80	+159 +130	+209 +180	+287 +258	+414 +385
225	250													+113 +84	+169 +140	+225 +196	+313 +284	+454 +425
250	280	−110 −162	−56 −88	−56 −108	−17 −49	0 −32	0 −52	±16	±26	+36 +4	+52 +20	+66 +34	+88 +56	+126 +94	+190 +158	+250 +218	+347 +315	+507 +475
280	315													+130 +98	+202 +170	+272 +240	+382 +350	+557 +525
315	355	−125 −182	−62 −98	−62 −119	−18 −54	0 −36	0 −57	±18	±28.5	+40 +4	+57 +21	+73 +37	+98 +62	+144 +108	+226 +190	+304 +268	+426 +390	+626 +590
355	400													+150 +114	+244 +208	+330 +294	+471 +435	+696 +660
400	450	−135 −198	−68 −108	−68 −131	−20 −60	0 −40	0 −63	±20	±31.5	+45 +5	+63 +23	+80 +40	+108 +68	+166 +126	+272 +232	+370 +330	+530 +490	+780 +740
450	500													+172 +132	+292 +252	+400 +360	+580 +540	+860 +820

〔備考〕　表中の各段で，上側の数値は上の寸法許容差，下側の数値は下の寸法許容差を示す．

07-11 寸法許容差の表示法

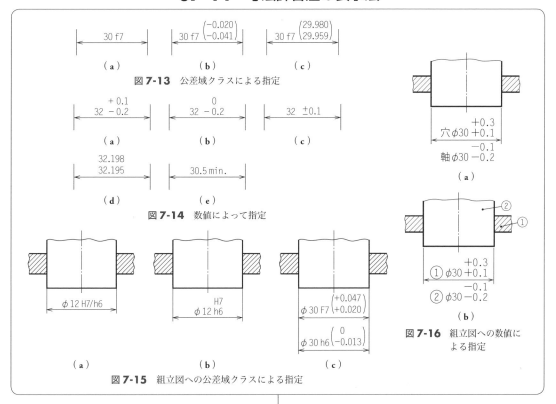

図7-13 公差域クラスによる指定

図7-14 数値によって指定

図7-15 組立図への公差域クラスによる指定

図7-16 組立図への数値による指定

図7-13 寸法許容差を，公差域クラスによって図面に記入する場合には，基準寸法の次に，公差域クラスを，同じ大きさで続けて記入すればよい．なおこれに加えて寸法許容差または許容限界寸法を示す必要がある場合には，それらにかっこを付けて付記すればよい．

図7-14 寸法許容差を，数値によって図面に記入する場合には上・下の寸法許容差を，基準寸法の次に，併記して示す．

図(a) 上の寸法許容差を上に，下の寸法許容差を下に，基準寸法と同じ大きさで，重ねて記入する．

図(b) 一方の寸法許容差が0の場合，0の数値を，けたをそろえて記入する．この場合，0には正負の記号を付けない．

図(c) 上・下の寸法許容差が基準寸法に対して対称のときは，寸法許容差の数値を一つだけ示し，数値の前に ± の記号を付ける．

図(d) 許容限界寸法を，その最大許容寸法

と最小許容寸法とで示してもよい．

図(e) 寸法を，最大または最小のいずれか一方向だけ許容する必要があるときは，寸法数値に "min." または "max." を付記しておく．

なお，上記いずれの場合でも，穴か軸かにかかわりなく，上の寸法許容差または最大許容寸法を上の位置に，下の寸法許容差または最小許容寸法を下の位置に書く．

図7-15 組立部品の寸法許容限界を，公差域クラスによって記入する場合には，基準寸法を一つだけ書き，それに続けて，穴の公差域クラスを，軸の公差域クラスの前，または上側に記入する．なお，寸法許容差の数値を指示する必要がある場合には，かっこを付けて付記するのがよい．

図7-16 組立部品の寸法許容限界を，数値で示す場合には，その構成部品の名称または照合番号に続けて示しておけばよい．いずれの場合も，穴の寸法を軸の寸法の上に書く．

07-12　普通公差（個々に公差の指定がない長さ寸法に対する公差）

表7-9　普通公差（JIS B 0405：1991）（単位 mm）

（a）　長さ寸法に対する許容差（面取り部分を除く）

公差等級		基準寸法の区分							
記号	説　明	0.5* 以上 3 以下	3 を超え 6 以下	6 を超え 30 以下	30 を超え 120 以下	120 を超え 400 以下	400 を超え 1000 以下	1000 を超え 2000 以下	2000 を超え 4000 以下
		許容差							
f	精　級	± 0.05	± 0.05	± 0.1	± 0.15	± 0.2	± 0.3	± 0.5	—
m	中　級	± 0.1	± 0.1	± 0.2	± 0.3	± 0.5	± 0.8	± 1.2	± 2
c	粗　級	± 0.2	± 0.3	± 0.5	± 0.8	± 1.2	± 2	± 3	± 4
v	極粗級	—	± 0.5	± 1	± 1.5	± 2.5	± 4	± 6	± 8

（b）　面取り部分の長さ寸法に対する許容差

公差等級		基準寸法の区分		
記号	説　明	0.5* 以上 3 以下	3 を超え 6 以下	6 を超えるもの
		許容差		
f	精　級	± 0.2	± 0.5	± 1
m	中　級			
c	粗　級	± 0.4	± 1	± 2
v	極粗級			

〔注〕　* 0.5 mm 未満の基準寸法に対しては，その基準寸法に続けて許容差を個々に指示する．

JIS B 0405 （単位mm）	
寸法の区分	中級 m
0.5以上　　3以下	± 0.1
3を超え　　6以下	± 0.1
6を超え　30以下	± 0.2
30を超え 120以下	± 0.3
120を超え 400以下	± 0.5

表題欄

図7-17　普通公差の表示例

表7-9　寸法許容差のなかには，前述のはめあいのように機能的なものと，工作精度のように製作的なものとがあって，図面上では，本来ならば，すべての寸法に公差を指定すべきであるが，実際問題として後者のような，相手がない部分の寸法など，あまり重要ではないところにまで，公差を指定することは少ない．

ところがこのような場合には，必要以上に検査が厳しくなったり，緩やかになったりしやすいので，やはり何らかの規制が必要である．

したがって JIS では，このように，個々に公差の指示がない場合の長さ寸法，および角度寸法に対して，一括して適用できるものとして，**普通公差**（JIS B 0405：1991）を定めている．

表（a）は，長さ寸法に対する許容差を，また表（b）は面取り部分，すなわち角の丸みや面取り寸法の許容差を示したものである．なお角度寸法の許容差については省略した．

いずれも，基準寸法の区分ごとに，精級（f），中級（m），粗級（c）および極粗級（v）の 4 等級に分け，それぞれの許容値を定めている．

そこで表題欄の中，またはその付近に，この規格の何級による，ということを，次の例のように記入しておけば，すべての寸法に公差の指示を行ったことになる．

〔例〕　JIS B 0405 – m

図7-17　製図用紙に，輪郭や表題欄をあらかじめ印刷しておく場合には，その普通公差の必要部分を抜粋して，表題欄のそばに，図示のように一緒に印刷しておけば便利である．

これらの公差等級を選ぶときには，個々の工場で，通常に得られる加工の精度をとくに考慮して，決定しなければならない．

というのは，たとえば直径 35 mm の丸棒を削るのに，通常の工場では，表（a）の中級に適合したレベル（± 0.3）で楽に製作できるとき，これより一段粗い公差，たとえば ± 0.8 mm を指定しても，何ら利益にはならないからである．

08章 幾何公差と最大実体公差

08-1 幾何公差の種類

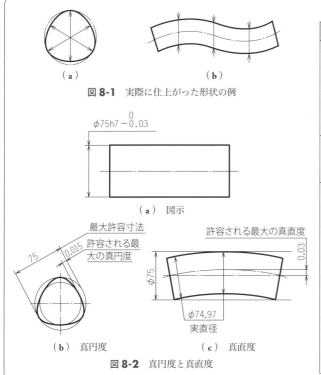

図 8-1 実際に仕上がった形状の例

（a）図示

（b）真円度　　　（c）真直度

図 8-2 真円度と真直度

表 8-1 幾何公差の種類と記号（抜粋）

適用する形体	公差の種類		記号
単独形体	形状公差	真直度公差	—
		平面度公差	▱
		真円度公差	○
		円筒度公差	⌭
単独形体または関連形体		線の輪郭度公差	⌒
		面の輪郭度公差	⌓
関連形体	姿勢公差	平行度公差	//
		直角度公差	⊥
		傾斜度公差	∠
	位置公差	位置度公差	⊕
		同軸度公差または同心度公差	◎
		対称度公差	≡
	振れ公差	円周振れ公差	↗
		全振れ公差	↗↗

図 8-1　前述したはめあいにおける穴と軸とは，必ずしも常に正確な円筒形に仕上がるとは限らず，種々の原因により，図（a）のようにその断面が真円に仕上がらないことが多い．この場合，見かけ上の直径はどの位置でも等しいから，測定器あるいは限界ゲージなどでは発見できず，何かほかの検査方法が必要となる．

また図（b）のような軸心のほうでも，もしこれが曲がっていたならば，いかに各部が寸法公差の範囲内に仕上がっていても，組み立てることができない場合も生じてくる．

このような穴と軸の場合に限らず，一般に品物は，面とか線とかの幾何学的な形体を有しているが，これらの形体を幾何学的に正確に仕上げることは不可能であるから，どの程度までの狂いならば許容できるかについて定めておき，これを図面に指示しておく必要がある．JISでは，このような，形体の狂いに対する許容値を，**幾何公差**といって，その詳細な図示方法について定めている．

図 8-2　図（a）において，軸の直径の最大許容寸法は 75 で，最小許容寸法は 74.97 である．もし軸の断面が真円に仕上がらず，図（b）のようにゆがんだ場合でも，h 7 は満たされている．同様にして図（c）のように，軸心が曲がった場合でも同じである．

h 7 という公差は，単に 2 点間の寸法の許容差を定めたものであり，前述のような考え方とはまったく無関係である（これを**独立の原則**という）が，このような考え方を積極的に進めたものが，幾何公差なのである．

表 8-1　上図（b）のような円形形体において，幾何学的に正しい円からの狂いの大きさを**真円度**といい，その許容値を**真円度公差**という．同様にして同図（c）のような直線の狂いを**真直度**といい，その許容値を**真直度公差**という．

このほか JIS では表に示したような幾何公差の種類，およびそれらの記号を定めている．

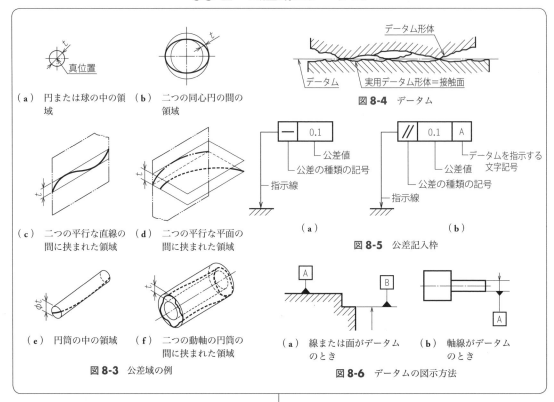

（a）　円または球の中の領域
（b）　二つの同心円の間の領域

図 8-4　データム

データム形体
データム
実用データム形体＝接触面

（c）　二つの平行な直線の間に挟まれた領域
（d）　二つの平行な平面の間に挟まれた領域

公差値
公差の種類の記号
指示線

（a）

公差値
公差の種類の記号
指示線
データムを指示する文字記号

（b）

図 8-5　公差記入枠

（e）　円筒の中の領域
（f）　二つの動軸の円筒の間に挟まれた領域

図 8-3　公差域の例

（a）　線または面がデータムのとき
（b）　軸線がデータムのとき

図 8-6　データムの図示方法

図 8-3　幾何公差は，一般に平面的あるいは空間的なひろがりをもっているので，その許容差の定め方は，円，線，平面あるいはそれらの組合わせによる領域を規制することによって行われ，この規制する領域を**公差域**という．

この場合の公差域は，はめあいのときの公差域とは，全く異なった意味をもっている．たとえば位置度公差では，真位置を中心とするある直径をもつ円のなかの領域で規制し，また真直度公差では，ある直径をもつ円筒のなかの領域で規制する．このように，それぞれ適した公差域を適用し，規制される形体が，それらの領域のなかにさえあれば，どのように偏っていようとも曲がっていようとも許されるのである．

図 8-4　幾何公差では，**表 8-1** に示したように，単独形体と関連形体とがあり，前者は他の部分と無関係に公差を指定することができる．

しかし後者では，関連する相手があって，それとの関係で公差が適用されるので，この公差を指示するために，仮に設定した理論的に正確な幾何学的基準を**データム**という．

実際にはそのような正確な幾何学的基準は存在しないから，実用上ではたとえば相手側の面とか定盤とかをもって代用し，これらをデータム形体とか実用データム形体と呼んでいる．

したがって関連形体の幾何公差を指示するときには，必ずこのデータムを明示しておかなければならない．

図 8-5　幾何公差を図中に指示するときには，図のような長方形枠（**公差記入枠**という）を用い，これを縦線で区切って，必要事項を記入し，指示線で公差を適用する部分と結べばよい．

図 8-6　形体に指定された公差が，データムと関連して示される場合には，図示したように，ラテン文字の大文字を正方形の枠で囲み，一方データムとなる部分に，塗りつぶした直角三角形（**データム三角記号**という）を当て，指示線でこれら両者を結んで示しておけばよい．

08-3 幾何公差の記入法

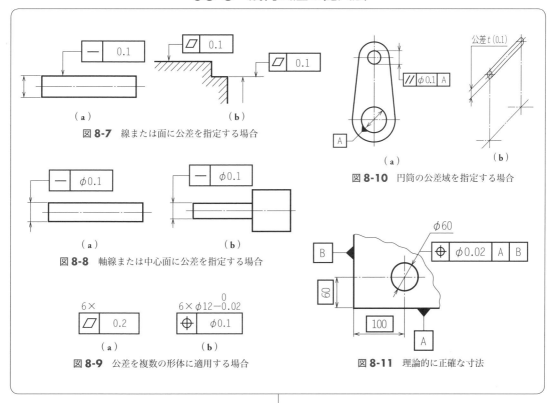

（a）　　　　　　　　　（b）

図 8-7　線または面に公差を指定する場合

（a）　　　　　　　　　（b）

図 8-8　軸線または中心面に公差を指定する場合

（a）　　　　　　　　　（b）

図 8-9　公差を複数の形体に適用する場合

（a）　　　　　　　　　（b）

図 8-10　円筒の公差域を指定する場合

図 8-11　理論的に正確な寸法

　幾何公差によって，規制する形体を指示するには，一般に次の二つの場合があり，公差記入枠からの指示線の矢の当て方で，区別することになっている．

　図 8-7　公差を線または面自体に指示する場合は，外形線またはその延長上に，寸法線の位置を明確に避けて矢印を当てなくてはならない．

　図（a）では真直度を，図（b）では平面度を指示した例であるが，これらの意味については，次ページを参照してほしい．

　図 8-8　また，公差を軸線に指示する場合には，寸法線の延長が公差記入枠からの指示線になるように引けばよい．

　図 8-9　公差を，二つ以上の形体に適用する場合（一般に同形同一寸法の場合）には，その数を示す数字のあとに記号 "×" を付記し，公差記入枠の上側に指示すればよい．

　図 8-10　公差記入枠のなかに，公差値を記入するとき，その公差域によって，寸法補助記

号が必要であったりなかったりすることがあるので，注意しなければならない．

　図では，公差値に直径の記号 φ が記入してあるので，これの公差域は，直径 0.1 の円筒の領域であることがわかる．

　ところが，この φ の記号を記入し忘れると，その公差域は，指示線の矢の方向に，0.1 離れた二つの平行平面にはさまれた領域となってしまう．

　図 8-11　幾何公差によって位置度を指示する場合，その位置を示す寸法に公差を与えると，公差の累積によって解釈があいまいになるので，この場合には公差を与えない寸法，すなわち**理論的に正確な寸法**であるとし，それを示すために，それらの寸法数値を，長方形の枠で囲むこととしている．図において 60 および 100 で示した点は，データム A から 60，データム B から 100 の真位置を中心とする，φ0.02 の円の中になければならないことを示している．

08-4 幾何公差の記入例

表 8-2 幾何公差の図示例とその公差域

〔備考〕 公差域欄で用いている線は，次の意味を表している.
太い実線：実体
太い一点鎖線：基準直線，基準平面，基準軸線または基準中心平面.
細い実線：公差域
細い一点鎖線：中心線および補足の投影面.

	図 示 例	公 差 域
真直度	一定方向の真直度（円筒の場合）	0.1 mm の間隔をもつ，互いに平行な二つの平面の間の空間
平面度	一般の平面度	0.08 mm の間隔をもつ，互いに平行な二つの平面の間の空間
真円度		半径が 0.03 mm の差をもつ，同軸の二つの円の中間部．これは，軸線に直角な任意の横断面に適用．
円筒度		半径が 0.1 mm の差をもつ，同軸の二つの円筒の間の空間
位置度	平面上の点の位置度	定められた正しい位置を中心とする直径 0.03 mm の円の内部

	図 示 例	公 差 域
平行度	直線部分の基準直線に対する縦方向の平行度（穴の軸線の場合）	基準直線を含む平面に直交し，0.1 mm の間隔をもつ，互いに平行な二つの平面の間の空間
直角度	直線部分の基準直線に対する直角度（穴の軸線を基準とする場合）	基準直線に直角に 0.06 mm の間隔をもつ，互いに平行な二つの平面の間の空間
同軸度	円筒部分の同軸度	基準軸線と同軸の直径 0.08 mm の円筒内部の空間
対称度	軸線の基準中心平面に対する一定方向の対称度	溝 A および B の共通する基準中心平面を中心として 0.08 mm の間隔をもつ，互いに平行な二つの平面の間の空間
振れ	半径方向の振れ（円筒面の場合）	矢の方向の測定平面内で，振れが 0.1 mm を超えないこと

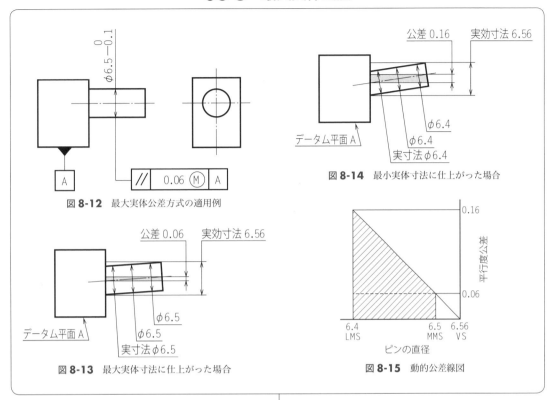

図 8-12 最大実体公差方式の適用例

図 8-14 最小実体寸法に仕上がった場合

図 8-13 最大実体寸法に仕上がった場合

図 8-15 動的公差線図

図 8-12 寸法公差と幾何公差は，**独立の原則**（p.093）により，とくに指示がない限り別個に適用され，一方が他方を規制することはない．

しかしこれら両者の間にはおもしろい関係があって，このような関係をたくみに利用して，その品物の寸法公差を増大することができるのである．この方式を**最大実体公差方式**という．

ここに最大実体とは，軸のような外部形体では，それが最大許容寸法に仕上がったとき，また穴のような内部形体では，それが最小許容寸法に仕上がったとき，それぞれその質量が最大となるので，このような状態を**最大実体状態**（maximum material condition，略して MMC）という．また，この反対の状態を**最小実体状態**（least material condition，LMC）という．

すきまばめにおいては，穴，軸の双方がMMC に仕上がったときが，最も条件の厳しいはめあいとなり，逆に，双方が LMC に仕上がったときが，最も余裕のあるはめあいとなる．

この場合の余裕をむだなく利用するのが最大実体公差方式であり，図示したように，公差記入枠の公差値のあとに，Ⓜ の文字を記入して，この方式によるものであることを示す．

図 8-13 図は，平行度公差に，最大実体公差方式を適用した場合，MMC に仕上がった寸法のときであるが，この寸法に幾何公差の値を加えた寸法を，**実効寸法**という（穴の場合は，差し引いた寸法となる）．

図 8-14 今度は，LMC に仕上がったときの状態を示す．この場合でも実効寸法は変わらないから，幾何公差に，寸法公差の分を上乗せさせて，公差値を，最初の 0.06 から 0.16 まで増大させても，はめあいに支障は起こらない．すなわちこれが増大された公差域となる．

図 8-15 このような関係をプロットしたものを，**動的公差線図**といい，図の斜線を施した破線より上の部分が，この方式により増大された公差域で，これを**ボーナス公差**と呼んでいる．

09-1　表面性状の測定

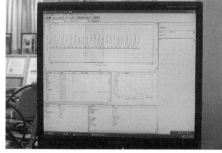

図 9-1　最近のハイブリッド表面性状測定機（上）とその操作画面

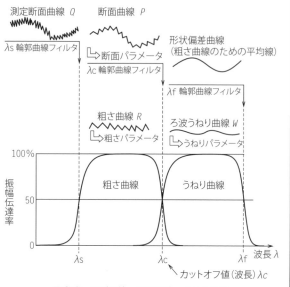

図 9-2　断面曲線，粗さ曲線，うねり曲線

　機械部品や構造部材の表面を見ると，鋳造，圧延などのままの生地の部分と，刃物などで削り取った部分とがあることがわかる．この場合，後者のように削り取る加工のことを，とくに**除去加工**という．

　また，除去加工と否とを問わず，その表面には"ざらざら"から"すべすべ"に至るまで，さまざまな段階があることがわかる．この段階のことを，**表面粗さ**という．さらに製品の表面には，加工によってさまざまな筋目模様が印されている．このような模様を**筋目方向**という．

　このような，表面の感覚のもとになる量を総称して，**表面性状**という．

　図 9-1　表面性状の測定は，一般にデジタル式表面性状測定機を用いて行なう．表面性状を測定するときに用いられるパラメータには，数十種を超える種類があるが，このうち主体となるものは**輪郭曲線パラメータ**であって，以下ではこのパラメータについて説明する．

　図 9-2　表面性状測定機による測定においては，測定面を筋目方向に直角に，触針によってなぞり，得られた**輪郭曲線**から，粗さ成分より短い成分を除去した曲線を**断面曲線**という．

　この断面曲線は，細かい凹凸の部分と，これより大きい波のうねり成分を含んでいる．これらの両者を分離するために特殊なフィルタを用いるが，このようにして片方を除去したものがそれぞれ粗さ曲線およびうねり曲線である．

　粗さ曲線は，一般に表面のなめらかさが問題になる場合に広く用いられる．**うねり曲線**は，粗さより波長の長い曲線であるから，主として流体などの漏れが問題になるとき用いられる．また断面曲線は，漏れと同時に摩擦が問題になるとき用いられる．

　これらの曲線は，初学者には理解しにくいと思われるが，実際にはすべて機械によりデジタル化されて記録され，液晶操作盤にパラメータを指定すれば即座に計算表示されるものである．

09-2 表面性状のパラメータ

表 **9-1** 粗さパラメータ記号（JIS B 0031 附属書 E より）

粗さパラ メータ	高さ方向のパラメータ											横方向のパ ラメータ	複合パラ メータ	負荷曲線に関連 するパラメータ		
	山および谷						高さ方向の平均									
	Rp	Rv	Rz	Rc	Rt	Rz_{JIS}	Ra	Rq	Rsk	Rku	$Ra75$	RSm	$R\Delta q$	$Rmr(c)$	$R\delta c$	Rmr

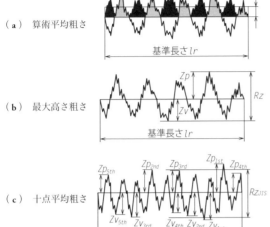

（a）算術平均粗さ

基準長さ lr

（b）最大高さ粗さ

Zp　Zv　Rz

基準長さ lr

（c）十点平均粗さ

Zp_{5th}　Zp_{2nd}　Zp_{3rd}　Zp_{1st}　Zp_{4th}　Rz_{JIS}

Zv_{5th}　Zv_{3rd}　Zv_{4th}　Zv_{2nd}　Zv_{1st}

基準長さ lr

図 **9-3** 粗さ測定法の種類

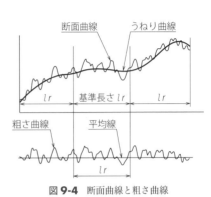

断面曲線　うねり曲線

lr　基準長さ lr　lr

粗さ曲線　平均線

lr

図 **9-4** 断面曲線と粗さ曲線

表 **9-1**　表に示すように，表面性状のパラメータの種類には，粗さパラメータだけでもこのように多数のものがあるが，現在のところ情報の不足のため誰もがこのような多種のパラメータを駆使できる状況ではないので，一般には以前から広く使用されてきた，以下に説明する数種だけが使用されており，一般機械部品の加工表面では，これらのパラメータで指示すれば十分であるとされている．

図 **9-3**　図（a）　**算術平均粗さ**（記号 Ra）基準長さにおける平均線の下側に現れる曲線を平均線で折り返し，このとき得られる部分の面積を，基準長さで除した値を μm で表したもの．

図（b）　**最大高さ粗さ**（記号 Rz）基準長さでの輪郭曲線要素の最大山高さ Rp と最大谷深さ Rv との和を μm で表したもの．

図（c）　**十点平均粗さ**（記号 Rz_{JIS}）粗さ曲線で最高山頂から 5 番目までの山高さの平均と，最低谷底から 5 番目までの谷深さの平均の和を

μm で表したもの．

〔用語の解説〕

①　**カットオフ値**　位相補償高域フィルタの利得が 50％になる周波数の波長．

②　**平均線**　断面曲線の抜き取り部分におけるうねり曲線を直線に置き換えた線（図 **9-4**）．

③　**抜き取り部分**　粗さ曲線からその平均線の方向に基準長さだけ抜き取った部分．

④　**評価長さ**　実際の測定では，基準長さ以上のある長さにわたって測定を行うが，その粗さの評価に用いる長さ．その基準値は基準長さの 5 倍とすることになっている．

⑤　**16％ルール**　パラメータの測定値のうち要求値を超える数が 16％以内であれば合格とするルール．これを標準ルールとする．

⑥　**最大値ルール**　パラメータの測定値のうち，一つでも要求値を超えてはならないとする厳しいルール．この場合はパラメータ記号に必ず max を付けて示さなければならない．

09-3　表面性状の図示記号

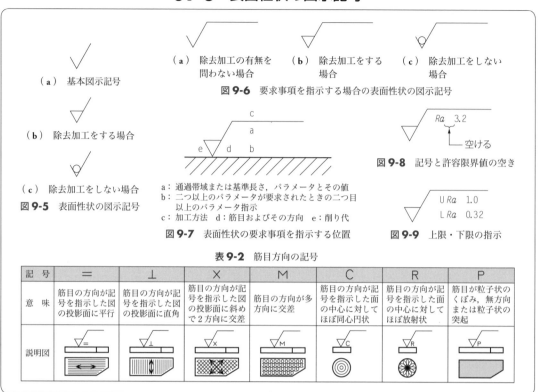

（a） 基本図示記号

（b） 除去加工をする場合

（c） 除去加工をしない場合

図 9-5　表面性状の図示記号

（a） 除去加工の有無を
問わない場合

（b） 除去加工をする
場合

（c） 除去加工をしない
場合

図 9-6　要求事項を指示する場合の表面性状の図示記号

a：通過帯域または基準長さ，パラメータとその値
b：二つ以上のパラメータが要求されたときの二つ目
　　以上のパラメータ指示
c：加工方法　d：筋目およびその方向　e：削り代

図 9-7　表面性状の要求事項を指示する位置

図 9-8　記号と許容限界値の空き

図 9-9　上限・下限の指示

表 9-2　筋目方向の記号

記号	＝	⊥	✕	M	C	R	P
意味	筋目の方向が記号を指示した図の投影面に平行	筋目の方向が記号を指示した図の投影面に直角	筋目の方向が記号を指示した図の投影面に斜めで２方向に交差	筋目の方向が多方向に交差	筋目の方向が記号を指示した面の中心に対してほぼ同心円状	筋目の方向が記号を指示した面の中心に対してほぼ放射状	筋目が粒子状のくぼみ，無方向または粒子状の突起
説明図							

図 **9-5**　表面性状を図示するときは，その対象となる面に，このような記号をその外側から当てて示すことになっている．

（a）は基本記号を示したもので，60°傾いた長さの異なる２本の直線からなり，除去加工の有無を問わない場合，あるいは後述する簡略図示を行う場合に用いる．

（b）は除去加工を必要とすることを示す記号であって，基本記号に横線を付加する．

（c）は除去加工をしない（鍛造とか鋳造の生地のまま使用する）場合に用いるもので，基本記号に丸記号を付加する．

図 **9-6**　表面性状の要求事項（以下要求事項という）を指示するときは，上記の図示記号の長いほうの斜線に直線を付け，後述する指示位置にそれぞれ記入する．

図 **9-7**　図は要求事項の指示位置を示したものである．

ただし図のaの位置には，必要に応じ種々の

要求事項が記入される場合があるが，その大半には標準値が定められているもの，あるいは一般には省略してよい項目もあるので，それに従う場合には，パラメータの記号とその許容限界値だけを記入しておけばよい．

図 **9-8**　この場合，記号と許容限界値の間隔は，ダブルスペース（二つの半角スペース）としなければならない．これは，このスペースを空けないと，評価長さと誤解されることがあるためとされている．

図 **9-9**　許容限界値に上限と下限を記入するときは，上限値にはU，下限値にはLの文字を用い，上下２列に記入する．

表 9-2　図 **9-7** のdの位置には**筋目方向**を記入するが，この表に示す記号を用いて記入することになっている．

なお，最大値ルールに従うときは，必ずその記号 max を許容限界値の前に記入しておかなければならない．

09-4 表面性状の図示方法（1）

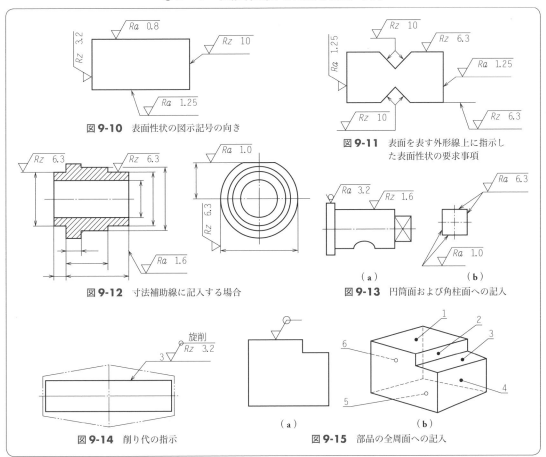

図9-10 表面性状の図示記号の向き

図9-11 表面を表す外形線上に指示した表面性状の要求事項

図9-12 寸法補助線に記入する場合

図9-13 円筒面および角柱面への記入

図9-14 削り代の指示

図9-15 部品の全周面への記入

図9-10 表面性状の図示記号（以下図示記号という）は，対象面に接するように図面の下辺または右辺から読めるように記入する．この場合，図の下側および右側にはそのまま記入できないので，この図の下，右に示すように，外形線から引き出した引出線を用いて記入する．

図9-11 図示記号は，外形線（またはその延長線）に接するか，対象面から引き出された引出線に接するように記入する．また同一記号を近接した2か所に指示する場合には，矢印を分岐して記入すればよい．

図9-12 図示記号は，寸法補助線に接するか，寸法補助線に矢印で接する引出線に接するように指示する．

図9-13 中心線によって表された円筒表面，または角柱表面（角柱の各表面が同じ表面性状

である場合）では，図示記号はどちらかの片側に1回だけ指示すればよい〔図（a）〕．

ただし角柱の場合でその各面に異なった表面性状を要求される場合には，その各表面に個々に指示しなければならない〔図（b）〕．

図9-14 一般に削り代は，同一図面に後加工の状態が指示されている場合にだけ指示され，鋳造品，鍛造品などの素形材の形状に最終形状が表されている図面に用いる．

この図では，"3"が全表面に要求されている旋削などの削り代である．

図9-15 図面に閉じた外形線によって表された部品一周の全周面〔図（b）に示された1～6の面〕に，同じ表面性状が要求される場合には，図（a）のように，図示記号の交点に丸記号を付けておけばよい．

09-5 表面性状の図示方法（2）および加工方法による粗さの範囲

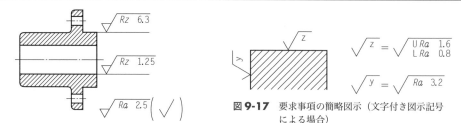

図 9-16 大部分が同一の表面性状の場合

図 9-17 要求事項の簡略図示（文字付き図示記号による場合）

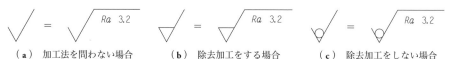

（a） 加工法を問わない場合　（b） 除去加工をする場合　（c） 除去加工をしない場合

図 9-18 要求事項の簡略図示（図示記号だけによる場合）

表 9-3 主要な加工方法の記号および得られる表面粗さの範囲

加工方法	記号 I	記号 II	算術平均粗さ *Ra*（μm）：50, 25, 12.5, 6.3, 3.2, 1.6, 0.8, 0.4, 0.2, 0.1, 0.05, 0.025, 0.012
鋳造	C	鋳	50 ←--- 25 ←→ 12.5 ---→ 6.3
鍛造	F	鍛	25 ←--- 12.5 ←→ 3.2 ---→ 1.6
旋削	L	旋	25 ←--- 6.3 ←→ 0.4 ---→ 0.05
穴あけ（きりもみ）	D	キリ	12.5 ←--- 6.3 ←→ 1.6 ---→ 0.8
中ぐり	B	中グリ	25 ←--- 6.3 ←→ 0.4 ---→ 0.05
フライス削り	M	フライス	25 ←--- 6.3 ←→ 0.8 ---→ 0.2
平削り	P	平削	50 ←--- 25 ←→ 0.8 ---→ 0.4
形削り	SH	形削	50 ←--- 25 ←→ 0.8 ---→ 0.4
研削	G	研	6.3 ←--- 1.6 ←→ 0.05 ---→ 0.012
リーマ仕上げ	DR	リーマ	6.3 ←--- 3.2 ←→ 0.8 ---→ 0.4

〔注〕 記号 I は JIS B 0122：1978 による．←--→ は特殊な加工によって得られる粗さを示す．

図 9-16 部品の大部分に，同じ図示記号を指示する場合には，この図に示すように，大部分の図示記号を，図面の表題欄のかたわら，もしくは図のそばの目立つ所に指示し，そのあとにかっこで囲んだ何も付けない基本図示記号を記入しておく一方，部分的に異なった図示記号を，図の該当する部分に指示しておけばよい．

図 9-17 同じ図示記号を繰り返し記入する必要がある場合や，指示スペースが限られる場合は，対象面には文字付きの簡略図示記号を用い，適当な個所にその意味を示しておけばよい．

図 9-18 同じ図示記号が部品の大部分で用いられている場合，対象面には簡略図示記号を用い，適当な個所にそれぞれの意味を示しておけばよい．

表 9-3 表は，主な加工方法について，一般的に得られる粗さの範囲を示したものである．矢印の実線部分が，普通に得られる粗さであり，破線部分は，粗さが小さいほうでは特殊な精密加工によるもので，反対の粗いほうでは何らかのトラブルによるものと思われる．

この表からもわかるように，ごく一般的な加工によって得られる粗さの範囲は，かなりの幅を有するから，あまり無理のない粗さを指定することが望ましい．

なお，表中の加工方法の記号は，図に記入する便宜のために定められたものである．I は JIS B 0122：1978（加工方法記号）によるものであり，II は従来から使用されている記号を示した．

10章

溶接記号

10-1 溶接の種類と特殊な用語

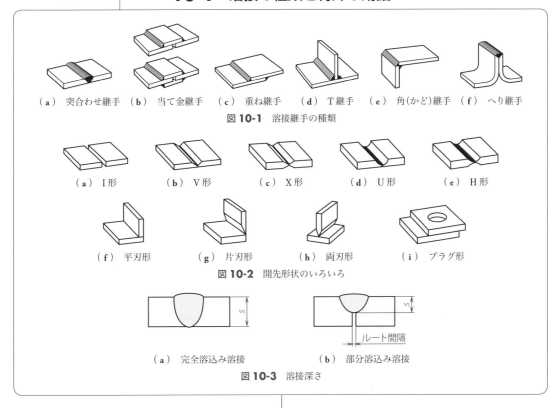

（a）突合わせ継手　（b）当て金継手　（c）重ね継手　（d）T継手　（e）角（かど）継手　（f）へり継手

図 10-1 溶接継手の種類

（a）I形　（b）V形　（c）X形　（d）U形　（e）H形

（f）平刃形　（g）片刃形　（h）両刃形　（i）プラグ形

図 10-2 開先形状のいろいろ

（a）完全溶込み溶接　（b）部分溶込み溶接

ルート間隔

図 10-3 溶接深さ

図 10-1　溶接とは，二つ以上の金属を，種々の熱源によって溶融固着させて，永久的に結合を行うもので，熱源によって，アーク溶接，ガス溶接，抵抗溶接などがある．溶接によって接合させた継手（つぎて）を**溶接継手**という．

溶接継手には，溶接すべき金属（**母材**という）を，直線状あるいは直角に接合することが多く，図のような種類のものがある．

溶接継手においては，この母材の端部（たんぶ）を種々の形に仕上げ，これをいろいろに組み合わせて使用する．このような溶接部分を図示する場合，実形によるのは不便なので，JISではこれを簡単に図示できる溶接記号（JIS Z 3021：2016）を規定している．

溶接には，リベットやボルトなどによる接合に比べて，次のような特長がある．

① 信頼できる強度をもつ大形の構造物をつくることができる．

② 省資源，省力化が可能である．

③ 自動化しやすく，工期やコストを低くすることができる．

溶接には特殊な用語が用いられるので，いくつかの用語について説明する．

図 10-2　開先（かいさき）溶接においては，その母材の端部を図に示すようないろいろな形に仕上げ，それを並べてできる空間部分に溶着金属を流し込んで接合する．このときの端部の形を開先といい，そのように仕上げることを**開先をとる**という．また，そのとき削りとられた部分の寸法を**開先寸法**という．開先の形状およびその寸法は，継手の強度に大きく影響するので慎重に決定される．

図 10-3　溶接深さ　開先溶接において，溶接表面から溶接底面までの距離（図中の s）のことをいう．完全溶込み溶接では板厚（いたあつ）に等しい〔図（ a ）〕．

ルート間隔　母材間の最短距離のことをいう〔図（ b ）〕．

10-2 溶接記号の構成

表 10-1 溶接記号(記号欄の ----- は基線を示す)

（a） 基本記号

溶接の種類	記号	溶接の種類	記号	溶接の種類	記号
I形開先溶接		レ形フレア溶接		ステイク溶接	
V形開先溶接		へり溶接		抵抗スポット溶接	
レ形開先溶接		すみ肉溶接*			
J形開先溶接		プラグ溶接 スロット溶接		抵抗シーム溶接	
U形開先溶接		溶融スポット溶接		溶融シーム溶接	
V形フレア溶接		肉盛溶接		スタッド溶接	

〔注〕 * 千鳥断続すみ肉溶接の場合は，補足の記号 を用いてもよい.

（b） 対称的な溶接の組合わせ記号

溶接の種類	記号	溶接の種類	記号	溶接の種類	記号
X形開先溶接		H形開先溶接		K形開先溶接 および すみ肉溶接	
K形開先溶接					

（c） 補助記号

名称	記号	名称	記号	名称	記号
裏溶接*1,2		表面形状 平ら*4		仕上げ方法 チッピング	C
裏当て溶接*1,2					
裏波溶接*2		凸形*4		グラインダ	G
裏当て*2		凹型*4		切削	M
全周溶接					
現場溶接*3		滑らかな止端仕上げ*5		研磨	P

〔注〕 *1 溶接順序は，複数の基線，尾，溶接施工要領書などによって指示する.
*2 補助記号は基線に対し，基本記号の反対側に付けられる.
*3 記号は基線の上方，右向きとする.
*4 溶接後仕上げ加工を行わないときは，平らまたは凹みの記号で指示する.
*5 仕上げの詳細は，作業指示書または溶接施工要領書に記載する.

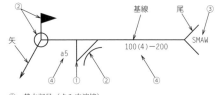

① 基本記号（すみ肉溶接）
② 補助記号（凹形仕上げ，現場溶接，全周溶接）
③ 補足的指示（被覆アーク溶接）
④ 溶接寸法（公称のど厚 5 mm，溶接長 100 mm，ビードの中心間隔 200 mm，個数 4 の断続溶接）

（a） 各要素の配置例

（b） 簡易形

図 10-4 溶接記号の構成

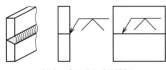

（a） 矢の側／手前側

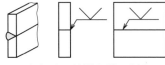

（b） 矢の反対側／向こう側

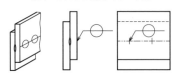

（c） 溶接部が接触面に形成される場合

図 10-5 基線に対する溶接記号の位置

　表 10-1 JIS に定められた溶接記号を示す．この溶接記号は，図 10-4 のように用いることになっている．

　図 10-4 矢は基線に対し，角度 60° の直線とする．矢は基線のどちらの端に付けてもよく，必要があれば一端から 2 本以上付けてもよい．ただし，基線の両端に付けることはできない．

　なお，図（b）の簡易形のように，溶接記号に矢と尾のみで，溶接記号などが示されていないときは，この継手は，ただ単に溶接継手であることだけを示している．

　図 10-5 溶接記号は，基線のほぼ中央に記入する．図（a）のように，溶接する側が矢の側または手前側にあるときは，溶接記号は基線の下側に記入する．また，図（b）のように矢の反対側または向こう側にあるときは，基線の上側に記入する．

　したがって，溶接が基線の両側に行われるもの，たとえば X 形，K 形，H 形などでは，溶接記号は基線の上下対称に記入すればよい．図（c）は抵抗スポット溶接の例を示す（本図の投影法は第三角法である）．

10-3 溶接記号の各種表示法

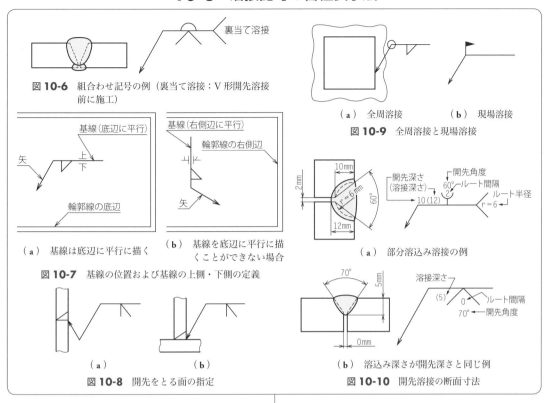

図10-6 組合わせ記号の例（裏当て溶接：V形開先溶接前に施工）

（a）基線は底辺に平行に描く　（b）基線を底辺に平行に描くことができない場合

図10-7 基線の位置および基線の上側・下側の定義

（a）　　　（b）
図10-8 開先をとる面の指定

（a）全周溶接　　（b）現場溶接
図10-9 全周溶接と現場溶接

（a）部分溶込み溶接の例

（b）溶込み深さが開先深さと同じ例
図10-10 開先溶接の断面寸法

図10-6 上下で異なる溶接を組み合わせるときは，溶接記号をそれぞれ上下に記入する．

また，これらの溶接記号以外に指示を付加する必要があるときは，前述の図10-4（b）や本図のように，基線の矢と反対側の端に，基線に対して上下45°の角度で開いた尾を付けて，この中に指示を記入すればよい．

図10-7 基線は溶接が施工される側を示し，図（a）のように製図の図枠の底辺に平行に描く．基線を底辺に平行に描くことができない場合に限り，図（b）のように図枠の右側辺に平行に描いてもよい（溶接記号は90°回転させる）．

図10-8 レ形やJ形などのように，非対称な溶接部には，**開先をとるほうの面を指示して**おく．そのときは，図（a）のように，必ず矢を折れ線にして，矢の先端を開先をとる面に当て，そのことを示す．図（b）のように，開先をとる面が明らかな場合は省略してもよいが，折れ線としない場合は，いずれの面に開先をとっ

てもよいことになるので記入には注意する．

図10-9 図（a）は，その溶接を図示された部分の全周にわたって行うこと，また図（b）は，その溶接を工事現場において行うことを指示するものである．いずれも溶接記号を，矢と基線の交点に記入しておく．

図10-10 図（a）の開先溶接の断面主寸法は"開先深さ"および"溶接深さ"か，またはそのいずれかで示される．溶接深さ12 mmは，開先深さ10 mmに続けて（12）と記入する．次にＹ記号の中にルート間隔2 mmを，その上に開先角度60°を記入する．さらに指示事項があるときは，尾を付け，それに適宜記入する．

図（b）においても，V形開先記号＞の中に記入された数字0はルート間隔が0 mmを示しており，その下の数字70°は開先角度70°を示している．また，（5）は溶接深さを示している．I形溶接のときは開先深さを，完全溶込み溶接のときは溶接深さを省略する．

表 10-2 溶接記号の使用例（投影法は第三角法）

溶接部の説明	実形	記号表示	溶接部の説明	実形	記号表示
I 形開先溶接 ルート間隔 2 mm			**U 形開先溶接** 完全溶込み溶接 開先角度 25° ルート間隔 0 mm ルート半径 6 mm		
V 形開先溶接 部分溶込み溶接 開先深さ 5 mm 溶込み深さ 5 mm 開先角度 60° ルート間隔 0 mm			**H 形開先溶接** 部分溶込み溶接 開先深さ 25 mm 開先角度 25° ルート間隔 0 mm ルート半径 6 mm		
V 形開先溶接 裏波溶接 開先深さ 16 mm 開先角度 60° ルート間隔 2 mm			**V 形フレア溶接**		
X 形開先溶接 （非対称） 開先深さ 　矢の側 16 mm 　反対側 9 mm 開先角度 　矢の側 60° 　反対側 90° ルート間隔 3 mm			**レ形フレア溶接**		
レ形開先溶接 部分溶込み溶接 開先深さ 10 mm 溶込み深さ 10 mm 開先角度 45°			**へり溶接（角）** 溶着量 2 mm 研磨仕上げ		
K 形開先溶接 開先深さ 10 mm 開先角度 45° ルート間隔 2 mm			**すみ肉溶接** 矢の側の脚 9 mm 反対側の脚 6 mm		
レ形開先溶接と すみ肉との 組合わせ 開先深さ 17 mm 開先角度 35° ルート間隔 5 mm すみ肉のサイズ 7 mm			**すみ肉溶接** 縦板側脚長 6 mm 横板側脚長 12 mm		
J 形開先溶接 開先深さ 28 mm 開先角度 35° ルート間隔 2 mm ルート半径 12 mm			**裏当て溶接** 裏はつり後加工		
両面 J 形開先溶接 開先深さ 24 mm 開先角度 35° ルート間隔 3 mm ルート半径 12 mm			**肉盛溶接** 肉盛の厚さ 6 mm 幅 50 mm 長さ 100 mm		

11 章

材料記号について

11-1 材料記号の構成

(1) 最初の部分は材質を表す.
(2) 次の部分は規格名または製品名あるいは合金材料を表す.
(3) 最後の部分は種類を示す.

〔例1〕 S S 400 …… 一般構造用圧延鋼材

 ─(1) 鋼 (Steel)
 ─(2) 一般構造用圧延材 (Structural)
 ─(3) 最低引張り強さ 400 N/mm²

〔例2〕 F C 200 …… ねずみ鋳鉄品
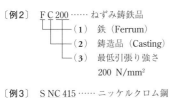
 ─(1) 鉄 (Ferrum)
 ─(2) 鋳造品 (Casting)
 ─(3) 最低引張り強さ 200 N/mm²

〔例3〕 S NC 415 …… ニッケルクロム鋼

 ─(1) 鋼 (Steel)
 ─(2) ニッケル (Nickel) クロム (Chromium)
 ─(3) 主要合金元素量コード(4) および炭素量の代表値 (0.15)×100

図 11-1 鉄鋼材料の記号

表 11-1 記号の意味

第1位	名称	意味
S	鋼	Steel
F	鉄	Ferrum
第2位	名称	意味
S	一般構造用圧延材	Structural
C	鋳造品	Casting
N	ニッケル	Nickel
C	クロム	Chromium

表 11-2 主要合金元素量コード

合金鋼の区分	ニッケルクロム鋼 SNC		ニッケルクロムモリブデン鋼 SNCM		
元 素	Ni	Cr	Ni	Cr	Mo
主要合金元素量コード 2	1.00以上 2.00未満	0.25以上 1.25未満	0.20以上 0.70未満	0.20以上 1.00未満	0.15以上 0.40未満
4	2.00以上 2.50未満	0.25以上 1.25未満	0.70以上 2.00未満	0.40以上 1.50未満	0.15以上 0.40未満
6	2.50以上 3.00未満	0.25以上 1.25未満	2.00以上 3.50未満	1.00以上	0.15以上 1.00未満
8	3.00以上	0.25以上 1.25未満	3.50以上	0.70以上 1.50未満	0.15以上 0.40未満

　工業に用いられる材料には, 実にさまざまなものがあるが, これらのうち, 最も多く用いられているのは, 金属材料, とくに鉄鋼材料が圧倒的であり, その種類も, きわめて多い.

　JIS では, 鉄鋼については G 部門で, また鉄鋼以外の金属である非鉄金属材料については H 部門で, その種類, 成分, 寸法その他について規定しているが, それらの材料は, すべて記号によって表されている. したがって, 製図においても, 部品などに使用する材料の指示は, これらの記号を用いて, 部品表その他に記載されるので, 製図を行う者は, この材料記号についても, 十分な知識がなければならない.

　以下, JIS に定められたこれらの材料記号の読み方について説明する.

　図 11-1 JIS では, 鉄鋼材料においては, 鋼を S (Steel), 鉄を F (Ferrum) の記号で表し, これに続けてその製品の種類や用途, あるいは合金材料を表す記号を付け, さらに種別などを示す数字あるいは文字を付して, 上記の

ようにして表すことになっている.

　〔**例1**〕では, 第1位の記号は S であり, これが鉄鋼材料の一種であることを示している. 第2位も S である (**表 11-1** 参照) が, これは一般構造用圧延材 (Structural) を意味している. そして第3位の 400 という数値は, この材料の最低引張り強さが 400 N/mm² であることを表している.

　〔**例2**〕の場合では, 第1位は F で, 鉄を示し, 第2位の C は, 鋳造品 (Casting) であり, 第3位の 200 という数値は, 上と同じく, 最低引張り強さの値を示している.

　〔**例3**〕の第2位の NC は, ニッケルとクロムを意味し, 第1位の S とあわせて, ニッケルクロム鋼を意味するが, 第3位の 415 という数字は, 上記の例と異なり, 最初の 4 は, その合金の成分を示すコード番号を表し (**表 11-2** 参照), 次の 15 は, 炭素含有量の 0.15 % という数値を 100 倍して示したものである.

11-2 材質名, 製品名の記号

表11-3 材質名, 製品名の記号
（a） 第1位（頭文字あるいは化学元素記号）

記号	材　質	英　語	記号	材　質	英　語
A	アルミニウム	Aluminium	Ni	ニッケル	Nickel（元素記号）
Mcr	金属クロム	Metalic Cr	P	りん	Phosphorus（元素記号）
C	炭素	Carbon（元素記号）	Pb	鉛	Plumbun（元素記号）
C	銅	Copper	S	鋼	Steel
C	クロム	Chromium	Si	けい素	Silicon（元素記号）
F	鉄	Ferrum	T	チタン	Titanium
M	モリブデン	Molybdenum	W	ホワイトメタル	White Metal
M	マグネシウム	Magnesium	W	タングステン	Wolfram（元素記号）
Mn	マンガン	manganese（元素記号）	Z	亜鉛	Zinc（元素記号）

表11-4 質別記号

記号	意　味
−O	軟質
−OL	軽軟質
−1/2H	半硬質
−H	硬質
−EH	特硬質
−SH	ばね質
−F	製出のまま
−SR	応力除去材

（b） 第2位（規格または製品名）

記号	規格・製品名	英　語	記号	規格・製品名	英　語
B	棒	Bar	M	耐候性	Marine
C	鋳造品	Casting	P	管	Pipe
C	炭素量	Carbon	P	ばね	Spring
D	ダイス用	Die(s)	S	形材	Shape
F	鍛造品	Forging	S	ステンレス	Stainless
G	ガス	Gas	S	一般構造用圧延材	Structural
H	高速度	High Speed	T	鍛造	ラテン文字
K	工具鋼	ラテン文字	T	管	Tube
K	構造	ラテン文字	U	特殊用途	Use
M	機械	Machine	W	線	Wire

表11-3 前ページの**表11-1**は，材料を表す記号のごく一部を示したものであるが，金属材料ならびにその成分元素の種類はきわめて多く，JISでは材料記号に用いる第1位の記号を表（**a**）に示すように定めている．また第2位の記号についても，さまざまに定めているが，その主なものを表（**b**）に示しておく．

表11-4 銅・アルミニウムなど非鉄金属材料の展伸材では，加工後熱処理を施すことが多いので，記号の後に，表に示す質別記号を，ハイフンを用いて付けておく．

表11-5（次ページ）　ごく一般に使用される鉄鋼材料の種類とその記号，ならびにその意味を示す．表中，意味の欄で，─で示したものは，上のほうの欄にその説明があることを示す．また種類の欄で，*を付した数値は，その材料の最低引張り強さを示す．なお，1けたまたは2けたの数値のものは，単に種類の番号を示したものである．

これらの材料のうち，機械構造用炭素鋼鋼材だけは，例外的な表し方を行い，鋼を示すSの記号のあとに，炭素量を示す2けたの数値（炭素量を100倍した値）にC（Carbon）の文字を付けて，S 20 C，S 30 Cのようにして表される．なおCKは，はだ焼鋼を示す．

なお合金工具鋼鋼材およびステンレス鋼については，その種類がはなはだ多いので，その示し方は省略してある．

表11-6（次ページ）　主要な非鉄金属材料の種類とその記号を示す．

この場合も，鉄鋼材料と同じような示し方がされるが，銅とアルミニウムの場合は，表に示したように，それぞれ銅はC，アルミニウムはAの記号のあとに，4けたの数値を用いて表され，それぞれの第1位の数値は，1，2，3，4，5，6および7で，主要添加元素による合金の系統を表しており，次の3けたは，慣用称呼の合金記号によって表されている．

11-3　主要金属材料の種類と記号

表 11-5　主要金属材料の種類と記号

分類	JIS 番号	規格名	記号	意味（一は上欄を参照）	種　　類
一般用	G 3101：2015	一般構造用圧延鋼材	SS	S：Steel，S：Structural	* 330, 400, 490, 540
一般用	G 3106：2015	溶接構造用圧延鋼材	SM	S：Steel，M：Marine	* 400, 490, 520, 570
機械構造用	G 4051：2016	機械構造用炭素鋼鋼材	S××C	S：Steel，××：炭素量（右欄），C：Carbon（CK ははだ焼き用）	10, 12, 15, 17, 20, 22, 25, 28, 30, 33, 35, 38, 40, 43, 45, 48, 50, 53, 55, 58, 09 CK, 15 CK, 20 CK
機械構造用	G 4053：2016	機械構造用合金鋼鋼材	SNC	S：—，N：Nickel，C：Chromium	236, 415, 631, 815, 836
機械構造用	G 4053：2016	機械構造用合金鋼鋼材	SNCM	S：—，N：—，C：—，M：Molybdenum	220, 240, 415, 420, 431, 439, 447, 616, 625, 630, 815
鋼管	G 3452：2019	配管用炭素鋼鋼管	SGP	S：Steel，G：Gas，P：Pipe	黒管（めっきなし），白管（亜鉛めっき）
鋼管	G 3445：2016	機械構造用炭素鋼鋼管	STKM	S：—，T：Tube，K：構造，M：Machine	11, 12, 13, 14, 15, 16, 17, 18, 19, 20
工具鋼	G 4401：2009	炭素工具鋼鋼材	SK	S：Steel，K：工具	140, 120, 105, 95, 90, 85, 80, 75, 70, 65, 60
工具鋼	G 4403：2015	高速度工具鋼鋼材	SKH	S：—，K：—，H：High Speed	2, 3, 4, 10, 40, 50, 51, 52, 53, 54, 55, 56, 57, 58, 59
工具鋼	G 4404：2015	合金工具鋼鋼材	SKS	S：—，K：—，S：Special	主に切削工具鋼用（SKS 11，SKS 2 など）
工具鋼	G 4404：2015	合金工具鋼鋼材	SKD	S：—，K：—，D：ダイス	主に耐衝撃工具鋼用（SKS 4，SKS 41 など）　主に冷間金型用（SKS 3，SKD 1 など）
工具鋼	G 4404：2015	合金工具鋼鋼材	SKT	S：—，K：—，T：鍛造	主に熱間金型用（SKD 4，SKT 3 など）
特殊用途鋼	G 4303：2012	ステンレス鋼棒	SUS	S：—，U：Use，S：Stainless	オーステナイト系，オーステナイト・フェライト系，フェライト系，マルテンサイト系，析出硬化系
特殊用途鋼	G 4801：2011	ばね鋼鋼材	SUP	S：—，U：—，P：Spring	6, 7, 9, 9A, 10, 11A, 12, 13
鋳鍛造品	G 3201：1988	炭素鋼鍛鋼品	SF	S：Steel，F：Forging	* 340A, 390A, 440A, 490A, 540A・B, 590A・B, 640B
鋳鍛造品	G 5101：1991	炭素鋼鋳鋼品	SC	S：—，C：Casting	* 360, 410, 450, 480
鋳鍛造品	G 5501：1995	ねずみ鋳鉄品	FC	F：Ferrum，C：—	* 100, 150, 200, 250, 300, 350

〔注〕　*の付いた欄の数字は最低引張り強さ N/mm²

表 11-6　主要非鉄金属材料の種類と記号

分類	JIS 番号	規格名	記号	備　　　　　考
伸銅品	H 3100：2018	銅及び銅合金の板及び条	C1××× C2××× 〜 C7×××	伸銅品の材質記号は，C（Copper）と4けたの数字で表す． 1：Cu・高 Cu 系合金，2：Cu-Zn 系合金，3：Cu-Zn-Pb 系合金， 4：Cu-Zn-Sn 系合金，5：Cu-Sn 系合金・Cu-Sn-Pb 系合金， 6：Cu-Al 系合金・Cu-Si 系合金・特殊 Cu-Zn 系合金， 7：Cu-Ni 系合金・Cu-Ni-Zn 系合金 ×××：慣用称呼の合金記号
アルミニウム展伸材	H 4000：2014	アルミニウム及びアルミニウム合金の板及び条	A1××× A2××× 〜 A8×××	アルミニウム展伸材の材料記号は，A（Aluminium）と4けたの数字で表す． 1：アルミニウム純度 99.00％以上の純アルミニウム，2：Al-Cu-Mg 系合金， 3：Al-Mn 系合金，4：Al-Si 系合金，5：Al-Mg 系合金， 6：Al-Mg-Si-(Cu) 系合金，7：Al-Zn-Mg-(Cu) 系合金， 8：上記以外の系統の合金 ×××：慣用称呼の合金記号
鋳物	H 5120：2016	銅及び銅合金鋳物	CAC×××	銅および銅合金鋳物の記号は，CAC と3けたの数字で表す． 3けたの数字の1けた目は，合金種類を表す． 1：銅鋳物，2：黄銅鋳物，3：高力黄銅鋳物，4：青銅鋳物，5：りん青銅鋳物， 6：鉛青銅鋳物，7：アルミニウム青銅鋳物，8：シルジン青銅鋳物 2けた目は予備（すべて 0），3けた目は合金種類の中の分類を表す．

11-4 主要金属材料の用途例

表11-7 主要金属材料の用途例

JIS 番号	名称	記号	参考用途例	JIS 番号	名称	記号	参考用途例	
G 3101 : 2015	一般構造用圧延鋼材	SS 330 SS 400 SS 490 SS 540	車両・船舶・橋・建築その他の構造用, 一般機械部品用, ねじ部品など	G 5101 : 1991	炭素鋼鋳鋼品	SC 360	一般構造用・電動機部品用	
						SC 410	一般構造用	
						SC 450		
G 3106 : 2015	溶接構造用圧延鋼材	SM 400 SM 490 SM 520 SM 570	同上で,とくに良好な溶接性が要求されるもの			SC 480		
				G 5501 : 1995	ねずみ鋳鉄品	FC 100 FC 150 FC 200 FC 250 FC 300 FC 350	ケーシング・ベッド・カバー・軸受・軸継手・一般機械部品用	
G 4051 : 2016	機械構造用炭素鋼鋼材 (抜粋)	S 10 C	ケルメット裏金・リベット					
		S 15 C	ボルト・ナット・リベット					
		S 20 C	ボルト・ナット・リベット					
		S 25 C	ボルト・ナット・モータ軸	G 4303 : 2012	ステンレス鋼棒 (抜粋)	SUS 201 ほか	オーステナイト系	耐食性にすぐれ,美観がある.医療用器具・食品工業用・化学工業用のほか,一般器物に広く用いられる.
		S 30 C	ボルト・ナット・小物部品			SUS 329 J1 ほか	オーステナイト・フェライト系	
		S 35 C	ロッドレバー類・小物部品					
		S 40 C	連接棒継手・軸類			SUS 405 ほか	フェライト系	
		S 45 C	クランク軸・軸,ロッド類					
		S 50 C	キー・ピン・軸類			SUS 403 ほか	マルテンサイト系	
		S 55 C	キー・ピン類					
		S 09 CK	はだ焼入 カム軸,ピストン,ピンスジローラ			SUS 630 ほか	析出硬化系	
		S 15 CK						
G 4053 : 2016	機械構造用合金鋼鋼材 (抜粋)	SNC 236 SNC 415 SNC 631 SNC 815 SNC 836	ボルト・ナット・クランク軸,歯車,軸類,機械構造用	H 3100 : 2018	銅及び銅合金の板及び条	C 1020	電気・熱の伝導性にすぐれ,加工性がよい.電気用など	
						C 1100	同上で耐候性がよい.一般器物・電気用・ガスケットなど	
		SCM 430 SCM 432 SCM 435 SCM 440 SCM 445	クランク軸・歯車・軸類・強力ボルト・機械構造用			C 1201 ほか	同上で,より電気の伝導性がよい.化学工業用など	
						C 2100 ほか	色彩が美しく,加工性がよい.建築用・装身具など	
G 4401 : 2009	炭素工具鋼鋼材 (抜粋)	SK 140	刃やすり・紙やすり			C 2600 ほか	いわゆる黄銅で,加工性,メッキ性がよい.深絞用など	
		SK 120	ドリル・かみそり・鉄工やすり					
		SK 105	ハクソー・プレス型・刃物			C 3560 ほか	特に被削性にすぐれ,打抜性もよい.歯車・時計部品など	
		SK 95	たがね・プレス型・ゲージ					
		SK 85	プレス型・帯のこ・治工具			C 4250 ほか	耐摩耗性,ばね性がよい.スイッチ・リレー・各種ばね	
		SK 75	スナップ・丸のこ・プレス型					
		SK 65	刻印・スナップ・プレス型			C 6161 ほか	強度が高く,耐海水性,耐摩耗性がよい.機械部品など	
G 4403 : 2015	高速度工具鋼鋼材	SKH 2	一般切削用,その他各種工具			C 7060 ほか	いわゆる白銅で,耐海水性,耐高温性がある.熱交換器など	
		SKH 3	高速重切削用,その他各種工具					
		SKH 4	難削材切削用,その他各種工具					
		SKH 10	高難削材切削用,その他各種工具	H 4000 : 2014	アルミニウム及びアルミニウム合金の板及び条	A 1080 ほか	純アルミニウムで成形性,耐食性がよい.化学工業用など	
		SKH 40	硬さ,じん性,耐摩耗性を必要とする一般切削用,その他各種工具			A 2014 ほか	熱処理合金で強度が高く,切削性もよい.航空機用材など	
		SKH 50 SKH 51	じん性を必要とする一般切削用,その他各種工具			A 3003 ほか	成形性にすぐれ,耐食性もよい.飲料缶・建築用材など	
		SKH 52 SKH 53	比較的じん性を必要とする高硬度材切削用,その他各種工具			A 5005 ほか	耐食性,溶接性,加工性がよい.建築・車両内外装材など	
		SKH 54	高難削材切削用,その他各種工具			A 6061 ほか	耐食性がよく,リベット,ボルト接合用の構造用材	
		SKH 55 SKH 56	比較的じん性を必要とする高速重切削用,その他各種工具			A 7075 ほか	アルミニウム合金中最高の強度.航空機用材・スキーなど	
		SKH 57	高難削材切削用,その他各種工具					
		SKH 58	じん性を必要とする一般切削用,その他各種工具	H 5120 : 2016	銅及び銅合金鋳物	CAC 201 CAC 202 CAC 203	フランジ類・電気部品・計器部品・一般機械部品など	
		SKH 59	比較的じん性を必要とする高速重切削用,その他各種工具			CAC 301 CAC 302 CAC 303 CAC 304	強さと耐食性を必要とするものに適し,船用プロペラ・一般機械部品など	
G 4404 : 2015	合金工具鋼鋼材 (抜粋)	SKS 11 ほか	主として切削工具用	バイト・冷間引抜ダイス・センタドリル				
		SKS 4 ほか	主として耐衝撃工具用	たがね・ポンチ・シャー工具		CAC 401 CAC 402 CAC 403 CAC 406 CAC 407	軸受・ブシュ・ポンプ・バルブ・弁座・弁棒・一般機械部品	
		SKS 3, SKD 1 ほか	主として冷間金型用	ゲージ・シャー刃・プレス型					
		SKD 4, SKT 3 ほか	主として熱間金型用	プレス型・ダイカスト型・押出工具					
G 3201 : 1988	炭素鋼鍛鋼品	SF 340 A SF 390 A SF 440 A SF 490 A SF 540 A, B SF 590 A, B SF 640 B	ボルト・ナット・カム・軸・フランジ・キー・クラッチ・歯車・軸継手など			CAC 502A CAC 502B CAC 503A CAC 503B	耐食性,耐摩耗性にすぐれる.歯車・軸受・羽根車・一般機械部品など	

12章　参考 JIS 資料

12-1　一般用メートルねじ

表 **12-1**　一般用メートルねじ（JIS B 0205 - 4：2001）"並目"の基準寸法（単位 mm）

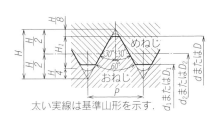

太い実線は基準山形を示す．

$$H = \frac{\sqrt{3}}{2} P = 0.866025P$$
$$H_1 = \frac{5}{8} H = 0.541266P$$
$$d_2 = d - 0.649519P$$
$$d_1 = d - 1.082532P$$
$$D = d,\ D_2 = d_2,\ D_1 = d_1$$

ねじの呼び	順位*	ピッチ P	ひっかかりの高さ H_1	めねじ 谷の径 D / おねじ 外径 d	有効径 D_2 / 有効径 d_2	内径 D_1 / 谷の径 d_1
M 1	1	0.25	0.135	1.000	0.838	0.729
M 1.1	2	0.25	0.135	1.100	0.938	0.829
M 1.2	1	0.25	0.135	1.200	1.038	0.929
M 1.4	2	0.3	0.162	1.400	1.205	1.075
M 1.6	1	0.35	0.189	1.600	1.373	1.221
M 1.8	2	0.35	0.189	1.800	1.573	1.421
M 2	1	0.4	0.217	2.000	1.740	1.567
M 2.2	2	0.45	0.244	2.200	1.908	1.713
M 2.5	1	0.45	0.244	2.500	2.208	2.013
M 3	1	0.5	0.271	3.000	2.675	2.459
M 3.5	2	0.6	0.325	3.500	3.110	2.850
M 4	1	0.7	0.379	4.000	3.545	3.242
M 4.5	2	0.75	0.406	4.500	4.013	3.688
M 5	1	0.8	0.433	5.000	4.480	4.134
M 6	1	1	0.541	6.000	5.350	4.917
M 7	2	1	0.541	7.000	6.350	5.917
M 8	1	1.25	0.677	8.000	7.188	6.647
M 9	3	1.25	0.677	9.000	8.188	7.647
M 10	1	1.5	0.812	10.000	9.026	8.376
M 11	1	1.5	0.812	11.000	10.026	9.376
M 12	1	1.75	0.947	12.000	10.863	10.106
M 14	2	2	1.083	14.000	12.701	11.835
M 16	1	2	1.083	16.000	14.701	13.835
M 18	2	2.5	1.353	18.000	16.376	15.294
M 20	1	2.5	1.353	20.000	18.376	17.294
M 22	2	2.5	1.353	22.000	20.376	19.294
M 24	1	3	1.624	24.000	22.051	20.752
M 27	2	3	1.624	27.000	25.051	23.752
M 30	1	3.5	1.894	30.000	27.727	26.211
M 33	2	3.5	1.894	33.000	30.727	29.211
M 36	1	4	2.165	36.000	33.402	31.670
M 39	2	4	2.165	39.000	36.402	34.670
M 42	1	4.5	2.436	42.000	39.077	37.129
M 45	2	4.5	2.436	45.000	42.077	40.129
M 48	1	5	2.706	48.000	44.752	42.587
M 52	2	5	2.706	52.000	48.752	46.587
M 56	1	5.5	2.977	56.000	52.428	50.046
M 60	2	5.5	2.977	60.000	56.428	54.046
M 64	1	6	3.248	64.000	60.103	57.505
M 68	2	6	3.248	68.000	64.103	61.505

〔注〕 *順位は 1 を優先的に，必要に応じて 2,3 の順に選ぶ．

表 **12-2**　一般用メートルねじ（JIS B 0205 - 2：2001）"細目"の直径とピッチとの組合わせ（単位 mm）

呼び径	順位	ピッチ	呼び径	順位	ピッチ	呼び径	順位	ピッチ	呼び径	順位	ピッチ
1	1	0.2	20	1	2 1.5 1	68	2	4 3 2 1.5	180	1	6 4 3
1.1	2	0.2	22	2	2 1.5 1	70	3	6 4 3 2 1.5	185	3	6 4 3
1.2	1	0.2	24	1	2 1.5 1	72	1	6 4 3 2 1.5	190	2	6 4 3
1.4	2	0.2	25	2	2 1.5 1	75	3	4 3 2 1.5	195	3	6 4 3
1.6	1	0.2	26	3	1.5	76	2	6 4 3 2 1.5	200	1	6 4 3
1.8	2	0.2	27	2	2 1.5 1	78	3	2	205	3	6 4 3
2	1	0.25	28	3	2 1.5 1	80	1	6 4 3 2 1.5	210	2	6 4 3
2.2	2	0.25	30	2	(3) 2 1.5 1	82	3	2	215	3	6 4 3
2.5	1	0.35	32	3	2 1.5	85	2	6 4 3 2	220	1	6 4 3
3	1	0.35	33	2	(3) 2 1.5	90	1	6 4 3 2	225	3	6 4 3
3.5	2	0.35	35	3	1.5	95	2	6 4 3 2	230	3	6 4 3
4	1	0.5	36	1	3 2 1.5	100	1	6 4 3 2	235	3	6 4 3
4.5	1	0.5	38	3	1.5	105	2	6 4 3 2	240	3	6 4 3
5	1	0.5	39	2	3 2 1.5	110	1	6 4 3 2	245	3	6 4 3
5.5	3	0.5	40	3	3 2 1.5	115	2	6 4 3 2	250	1	6 4 3
6	1	0.75	42	1	4 3 2 1.5	120	1	6 4 3 2	255	3	6 4
7	2	0.75	45	2	4 3 2 1.5	125	1	6 4 3 2	260	2	6 4
8	1	1 0.75	48	1	4 3 2 1.5	130	2	6 4 3 2	265	3	6 4
9	3	1 0.75	50	3	3 2 1.5	135	2	6 4 3 2	270	3	6 4
10	1	1.25 1 0.75	52	2	4 3 2 1.5	140	1	6 4 3 2	275	3	6 4
11	3	1 0.75	55	3	4 3 2 1.5	145	2	6 4 3 2	280	1	6 4
12	1	1.5 1.25 1	56	1	4 3 2 1.5	150	1	6 4 3 2	285	3	6 4
14	2	1.5 1.25 1	58	3	4 3 2 1.5	155	3	6 4 3	290	3	6 4
15	3	1.5 1	60	2	4 3 2 1.5	160	2	6 4 3	295	3	6 4
16	1	1.5 1	62	3	4 3 2 1.5	165	3	6 4 3	300	2	6 4
17	3	1.5 1	64	1	4 3 2 1.5	170	2	6 4 3			
18	2	2 1.5 1	65	3	4 3 2 1.5	175	3	6 4 3			

〔注〕 1. 順位は 1 を優先的に，必要に応じて 2,3 の順に選ぶ． 2. かっこを付けたピッチは，なるべく用いない．

12-2 六角ボルト・六角ナット

表 **12-3** 六角ボルト（JIS B 1180：2014）と六角ナット（JIS B 1181：2014）の JIS 規格抜粋（単位 mm）

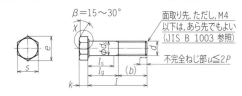

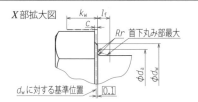

〔備考〕 寸法の呼びおよび記号は，JIS B 0143 による．

ねじの呼び d		M1.6	M2	M2.5	M3	M4	M5	M6	M8	M10	M12	M16	M20	M24
ピッチ P		0.35	0.4	0.45	0.5	0.7	0.8	1	1.25	1.5	1.75	2	2.5	3
b	$l \leqq 125$	9	10	11	12	14	15	18	22	26	30	38	46	54
（参考）	$125 < l \leqq 200$	15	16	17	18	20	22	24	28	32	36	44	52	60
c	最　大	0.25	0.25	0.25	0.4	0.4	0.5	0.5	0.6	0.6	0.6	0.8	0.8	0.8
d_a	最　大	2	2.6	3.1	3.6	4.7	5.7	6.8	9.2	11.2	13.7	17.7	22.4	26.4
d_s	基準寸法＝最大	1.6	2	2.5	3	4	5	6	8	10	12	16	20	24
d_w	最　小	2.27	3.07	4.07	4.57	5.88	6.88	8.88	11.63	14.63	16.63	22.44	28.19	33.61
e	最　小	3.41	4.32	5.45	6.01	7.66	8.79	11.05	14.38	17.77	20.03	26.75	33.53	39.98
l_f	最　大	0.6	0.8	1	1	1.2	1.2	1.4	2	2	3	3	4	4
k	基準寸法	1.1	1.4	1.7	2	2.8	3.5	4	5.3	6.4	7.5	10	12.5	15
k_w	最　小	0.68	0.89	1.10	1.31	1.87	2.35	2.70	3.61	4.35	5.12	6.87	8.60	10.35
s	基準寸法＝最大	3.20	4	5	5.5	7	8	10	13	16	18	24	30	36
	最　小	3.02	3.82	4.82	5.32	6.78	7.78	9.78	12.73	15.73	17.73	23.67	29.67	35.38
l	呼び長さ	12〜16	16〜20	16〜25	20〜30	25〜40	25〜50	30〜60	40〜80	45〜100	50〜120	65〜150	80〜150	90〜150

〔備考〕　1.　上表は呼び径六角ボルトの並目ねじ（部品等級 A，第 1 選択）を掲げた．
　　　　2.　ねじの呼びに対して推奨する呼び長さ（l）は，上表の範囲で次の数値から選んで用いる．
　　　　　　12, 16, 20, 25, 30, 35, 40, 45, 50, 55, 60, 65, 70, 80, 90, 100, 110, 120, 130, 140, 150
　　　　3.　$k_{w, 最小} = 0.7 k_{最小}$，$l_{g, 最大} = l_{呼び} - b$，$l_{s, 最小} = l_{g, 最大} - 5P$，$l_g$：最小の締めつけ長さ

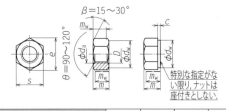

〔備考〕　1.　下表は六角ナット—スタイル 1 と 2，並目ねじ（部品等級 A，第 1 選択）を掲げた．
　　　　2.　ねじの呼び M14 は，なるべく用いない．
　　　　3.　スタイル 1 および 2 は，ナットの高さ（m）の違いを示すもので，スタイル 2 の高さはスタイル 1 より約 10% 高い．
　　　　4.　寸法の呼びおよび記号は，JIS B 0143 による．

	ねじの呼び d		M1.6	M2	M2.5	M3	M4	M5	M6	M8	M10	M12	(M14)	M16
	ピッチ P		0.35	0.4	0.45	0.5	0.7	0.8	1	1.25	1.5	1.75	2	2
	c	最　大	0.2	0.2	0.3	0.4	0.4	0.5	0.5	0.6	0.6	0.6	0.6	0.8
	d_a	最　小	1.6	2.0	2.5	3	4	5	6	8	10	12	14	16
	d_w	最　小	2.4	3.1	4.1	4.6	5.9	6.9	8.9	11.6	14.6	16.6	19.6	22.5
	e	最　小	3.41	4.32	5.45	6.01	7.66	8.79	11.05	14.38	17.77	20.03	23.36	26.75
スタイル1	m	最　大	1.3	1.6	2	2.4	3.2	4.7	5.2	6.8	8.4	10.8	—	14.8
		最　小	1.05	1.35	1.75	2.15	2.9	4.4	4.9	6.44	8.04	10.37	—	14.1
	m_w	最　小	0.8	1.1	1.4	1.7	2.3	3.5	3.9	5.2	6.4	8.3	—	11.3
スタイル2	m	最　大	—	—	—	—	—	5.1	5.7	7.5	9.3	12	14.1	16.4
		最　小	—	—	—	—	—	4.8	5.4	7.14	8.94	11.57	13.4	15.7
	m_w	最　小	—	—	—	—	—	3.84	4.32	5.71	7.15	9.26	10.7	12.6
	s	基準寸法＝最大	3.2	4	5	5.5	7	8	10	13	16	18	21	24
		最　小	3.02	3.82	4.82	5.32	6.78	7.78	9.78	12.73	15.73	17.73	20.67	23.67

12-3 キーおよびキー溝

表12-4　平行キーならびに平行キー用キー溝の形状および寸法（JIS B 1301：1996）

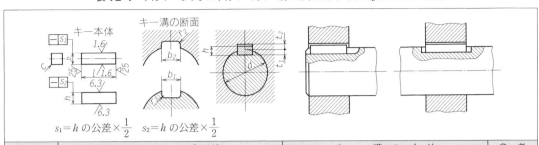

$s_1 = h$ の公差 × $\frac{1}{2}$　　$s_2 = h$ の公差 × $\frac{1}{2}$

キーの呼び寸法 $b \times h$	キーの寸法					キー溝の寸法					参考
	b 基準寸法	h 基準寸法	c	l	d_1	b_1, b_2 の基準寸法	r_1, r_2	t_1 の基準寸法	t_2 の基準寸法	t_1, t_2 の許容差	適応する軸径 d
2× 2	2	2	0.16〜0.25	6〜 20	—	2	0.08〜0.16	1.2	1.0	+0.10	6〜 8
3× 3	3	3		6〜 36	—	3		1.8	1.4		8〜 10
4× 4	4	4		8〜 45	—	4		2.5	1.8		10〜 12
5× 5	5	5	0.25〜0.40	10〜 56	—	5	0.16〜0.25	3.0	2.3		12〜 17
6× 6	6	6		14〜 70	—	6		3.5	2.8		17〜 22
(7× 7)	7	7		16〜 80	—	7		4.0	3.3		20〜 25
8× 7	8	7		18〜 90	6.0	8		4.0	3.3		22〜 30
10× 8	10	8	0.40〜0.60	22〜110	6.0	10	0.25〜0.40	5.0	3.3	+0.20	30〜 38
12× 8	12	8		28〜140	8.0	12		5.0	3.3		38〜 44
14× 9	14	9		36〜160	10.0	14		5.5	3.8		44〜 50
(15×10)	15	10		40〜180	10.0	15		5.0	5.3		50〜 55
16×10	16	10		45〜180	10.0	16		6.0	4.3		50〜 58
18×11	18	11		50〜200	11.5	18		7.0	4.4		58〜 65
20×12	20	12	0.60〜0.80	56〜220	11.5	20	0.40〜0.60	7.5	4.9		65〜 75
22×14	22	14		63〜250	11.5	22		9.0	5.4		75〜 85
(24×16)	24	16		70〜280	15.0	24		8.0	8.4		80〜 90
25×14	25	14		70〜280	15.0	25		9.0	5.4		85〜 95
28×16	28	16		80〜320	17.5	28		10.0	6.4		95〜110
32×18	32	18		90〜360	17.5	32		11.0	7.4		110〜130
(35×22)	35	22	1.00〜1.20	100〜400	17.5	35	0.70〜1.00	11.0	11.4		125〜140
36×20	36	20		—	20.0	36		12.0	8.4		130〜150
(38×24)	38	24		—	17.5	38		12.0	12.4		140〜160
40×22	40	22		—	20.0	40		13.0	9.4		150〜170
(42×26)	42	26		—	17.5	42		13.0	13.4		160〜180
45×25	45	25		—	20.0	45		15.0	10.4		170〜200
50×28	50	28		—	20.0	50		17.0	11.4	+0.30	200〜230
56×32	56	32	1.60〜2.00	—	20.0	56	1.20〜1.60	20.0	12.4		230〜260
63×32	63	32		—	20.0	63		20.0	12.4		260〜290
70×36	70	36		—	26.0	70		22.0	14.4		290〜330
80×40	80	40	2.50〜3.00	—	26.0	80	2.00〜2.50	25.0	15.4		330〜380
90×45	90	45		—	32.0	90		28.0	17.4		380〜440
100×50	100	50		—	32.0	100		31.0	19.5		440〜500

〔注〕　l は，表の範囲内で，次の中から選ぶ．
6, 8, 10, 12, 14, 16, 18, 20, 22, 25, 28, 32,
36, 40, 45, 50, 56, 63, 70, 80, 90, 100, 110,
125, 140, 160, 180, 200, 220, 250, 280, 320,
360, 400

〔備考〕　かっこを付けた呼び寸法のものは，
対応国際規格には規定されていないので，
新設計には使用しない．

キーおよびキー溝のはめあい．

種　類	キー		キー溝					
	b	h	普通形		締込み形	滑動形		
			b_1	b_2	b_1, b_2	b_1	b_2	
平行キー	h 9	h 9 (h 11)	N 9	JS 9	P 9	H 9	D 10	

〔備考〕　かっこ内はキーの呼び寸法8×7以上に適用．

12-4 転がり軸受

表 12-5 転がり軸受関係の JIS 規格*抜粋（単位 mm）

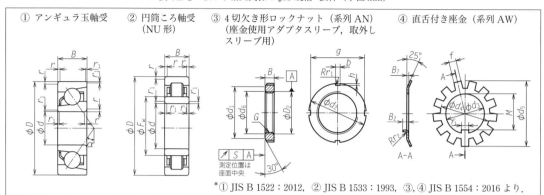

① アンギュラ玉軸受 ② 円筒ころ軸受（NU 形） ③ 4切欠き形ロックナット（系列 AN）（座金使用アダプタスリーブ，取外しスリーブ用） ④ 直舌付き座金（系列 AW）

*① JIS B 1522：2012，② JIS B 1533：1993，③，④ JIS B 1554：2016 より．

① アンギュラ玉軸受

呼び番号	d	D	B	$r_{s\ min}$	$r_{1s\ min}$（参考）
7300	10	35	11	0.6	0.3
7301	12	37	12	1	0.6
7302	15	42	13	1	0.6
7303	17	47	14	1	0.6
7304	20	52	15	1.1	0.6
7305	25	62	17	1.1	0.6
7306	30	72	19	1.1	0.6
7307	35	80	21	1.5	1
7308	40	90	23	1.5	1
7309	45	100	25	1.5	1
7310	50	110	27	2	1
7311	55	120	29	2	1
7312	60	130	31	2.1	1.1
7313	65	140	33	2.1	1.1
7314	70	150	35	2.1	1.1
7315	75	160	37	2.1	1.1
7316	80	170	39	2.1	1.1
7317	85	180	41	3	1.1
7318	90	190	43	3	1.1
7319	95	200	45	3	1.1
7320	100	215	47	3	1.1

③ 4切欠き形ロックナット（系列 AN）

呼び番号	G	d_1	d_2	B	b	h	d_6*	g*	r_1*（最大）
AN 02	M 15 × 1	21	25	5	4	2	15.5	21	0.4
AN 03	M 17 × 1	24	28	5	4	2	17.5	24	0.4
AN 04	M 20 × 1	26	32	6	4	2	20.5	28	0.4
AN 05	M 25 × 1.5	32	38	7	5	2	25.8	34	0.4
AN 06	M 30 × 1.5	38	45	7	5	2	30.8	41	0.4
AN 07	M 35 × 1.5	44	52	8	5	2	35.8	48	0.4
AN 08	M 40 × 1.5	50	58	9	6	2.5	40.8	53	0.5
AN 09	M 45 × 1.5	56	65	10	6	2.5	45.8	60	0.5
AN 10	M 50 × 1.5	61	70	11	6	2.5	50.8	65	0.5
AN 11	M 55 × 2	67	75	11	7	3	56	69	0.5
AN 12	M 60 × 2	73	80	11	7	3	61	74	0.5
AN 13	M 65 × 2	79	85	12	7	3	66	79	0.5
AN 14	M 70 × 2	85	92	12	8	3.5	71	85	0.5
AN 15	M 75 × 2	90	98	13	8	3.5	76	91	0.5
AN 16	M 80 × 2	95	105	15	8	3.5	81	98	0.6
AN 17	M 85 × 2	102	110	16	8	3.5	86	103	0.6
AN 18	M 90 × 2	108	120	16	10	4	91	112	0.6
AN 19	M 95 × 2	113	125	17	10	4	96	117	0.6
AN 20	M 100 × 2	120	130	18	10	4	101	122	0.6
AN 21	M 105 × 2	126	140	18	12	5	106	130	0.6
AN 22	M 110 × 2	133	145	19	12	5	111	135	0.7

② 円筒ころ軸受（NU 形）

呼び番号	d	D	B	$r_{s\ min}$	$r_{1s\ min}$（参考）	F_w
NU 204	20	47	14	1	0.6	27
NU 205	25	52	15	1	0.6	32
NU 206	30	62	16	1	0.6	38.5
NU 207	35	72	17	1.1	0.6	43.8
NU 208	40	80	18	1.1	1.1	50
NU 209	45	85	19	1.1	1.1	55
NU 210	50	90	20	1.1	1.1	60.4
NU 211	55	100	21	1.5	1.1	66.5
NU 212	60	110	22	1.5	1.5	73.5
NU 213	65	120	23	1.5	1.5	79.6
NU 214	70	125	24	1.5	1.5	84.5
NU 215	75	130	25	1.5	1.5	88.5
NU 216	80	140	26	2	2	95.3
NU 217	85	150	28	2	2	101.8
NU 218	90	160	30	2	2	107
NU 219	95	170	32	2.1	2.1	113.5
NU 220	100	180	34	2.1	2.1	120
NU 221	105	190	36	2.1	2.1	126.8
NU 222	110	200	38	2.1	2.1	132.5
NU 224	120	215	40	2.1	2.1	143.5
NU 226	130	230	40	3	3	156

④ 直舌付き座金（系列 AW）

呼び番号	d_3	d_4	d_5 ≒	f_1（最大）	M	f	B_7 ≒	N（最小）	B_2	r_2
AW 02	15	21	28	4	13.5	4	1	11	3.5	1
AW 03	17	24	32	4	15.5	4	1	11	3.5	1
AW 04	20	26	36	4	18.5	4	1	11	3.5	1
AW 05	25	32	42	5	23	5	1.25	13	3.75	1
AW 06	30	38	49	5	27.5	5	1.25	13	3.75	1
AW 07	35	44	57	6	32.5	5	1.25	13	3.75	1
AW 08	40	50	62	6	37.5	6	1.25	13	3.75	1
AW 09	45	56	69	6	42.5	6	1.25	13	3.75	1
AW 10	50	61	74	6	47.5	6	1.25	13	3.75	1
AW 11	55	67	81	8	52.5	7	1.5	17	3.75	1
AW 12	60	73	86	8	57.5	7	1.5	17	5.5	1.2
AW 13	65	79	92	8	62.5	7	1.5	17	5.5	1.2
AW 14	70	85	98	8	66.5	8	1.5	17	5.5	1.2
AW 15	75	90	104	8	71.5	8	1.5	17	5.5	1.2
AW 16	80	95	112	10	76.5	8	1.8	17	5.8	1.2
AW 17	85	102	119	10	81.5	8	1.8	17	5.8	1.2
AW 18	90	108	126	10	86.5	10	1.8	17	5.8	1.2
AW 19	95	113	133	10	91.5	10	1.8	17	5.8	1.2
AW 20	100	120	142	12	96.5	10	1.8	17	7.8	1.2
AW 21	105	126	145	12	100.5	12	1.8	17	7.8	1.2
AW 22	110	133	154	12	105.5	12	1.8	17	7.8	1.2

12-5 フランジ形固定軸継手

表 12-6　フランジ形固定軸継手（JIS B 1451：1991）

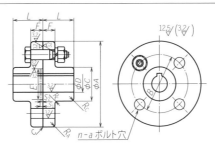

〔備考〕ボルト穴の配置は，キー溝に対しておおむね振分けとする.

（単位 mm）

継手外径 A	D		L	C	B	F	n (個)	a	参　考					
	最大軸穴直径	(参考)最小軸穴直径							はめ込み部			R_C (約)	R_A (約)	c (約)	ボルト抜きしろ
									E	S_2	S_1				
112	28	16	40	50	75	16.0	4	10	40	2	3	2	1	1	70
125	32	18	45	56	85	18.0	4	14	45	2	3	2	1	1	81
140	38	20	50	71	100	18.0	6	14	56	2	3	2	1	1	81
160	45	25	56	80	115	18.0	8	14	71	2	3	3	1	1	81
180	50	28	63	90	132	18.0	8	14	80	2	3	3	1	1	81
200	56	32	71	100	145	22.4	8	16	90	3	4	3	2	1	103
224	63	35	80	112	170	22.4	8	16	100	3	4	3	2	1	103
250	71	40	90	125	180	28.0	8	20	112	3	4	4	2	1	126
280	80	50	100	140	200	28.0	8	20	125	3	4	4	2	1	126
315	90	63	112	160	236	28.0	10	20	140	3	4	4	2	1	126
355	100	71	125	180	260	35.5	8	25	160	3	4	5	2	1	157

〔備考〕　1.　ボルト抜きしろは，軸端からの寸法を示す(継手ボルト着脱用).
　　　　　2.　継手を軸から抜きやすくするためのねじ穴は，適宜設けても差し支えない.

表 12-7　フランジ形固定軸継手用継手ボルト（JIS B 1451：1991）

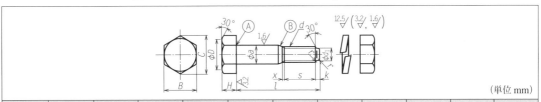

（単位 mm）

呼 び $a \times l$	ねじの呼び d	a	d_1	s	k	l	r (約)	H	B	C (約)	D (約)
10 × 46	M 10	10	7	14	2	46	0.5	7	17	19.6	16.5
14 × 53	M 12	14	9	16	3	53	0.6	8	19	21.9	18
16 × 67	M 16	16	12	20	4	67	0.8	10	24	27.7	23
20 × 82	M 20	20	15	25	4	82	1	13	30	34.6	29
25 × 102	M 24	25	18	27	5	102	1	15	36	41.6	34

〔備考〕　1.　六角ナットは JIS B 1181 のスタイル(部品等級 A)のもので，強度区分は 6，ねじ精度は 6H とする.
　　　　　2.　ばね座金は，JIS B 1251 の 2 号 S による.
　　　　　3.　二面幅の寸法は JIS B 1002 によっている．その寸法許容差は 2 種による.
　　　　　4.　ねじ先の形状，寸法は JIS B 1003 の半棒先によっている.
　　　　　5.　ねじ部の精度は，JIS B 0209 の 6 g による.
　　　　　6.　A 部には研削用逃げを施してもよい．B 部はテーパでも段付きでもよい.
　　　　　7.　x は，不完全ねじ部でもねじ切り用逃げでもよい．ただし，不完全ねじ部のときは，その長さを約 2 山とする.

付 1 図　六角ボルト・ナット

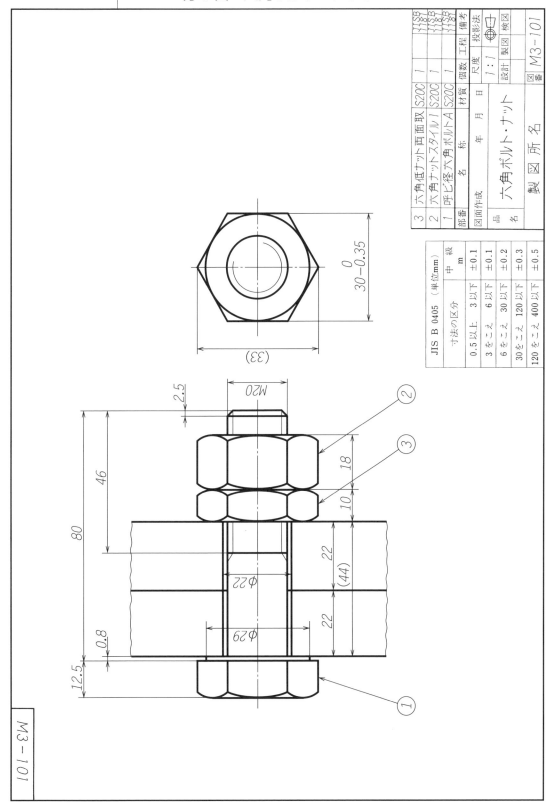

3	六角低ナット両面取	S20C	1			JIS B
2	六角ナットスタイル1	S20C	1			JIS B
1	呼び径六角ボルトA	S20C	1			JIS B
部番	名　　称	材質	個数			備考

図面作成　　年　月　日

| 尺度 | 1:1 | 投影法 | ⊕ |
| 設計 | | 製図 | 検図 |

品名　六角ボルト・ナット

製　図　所　名

図番　M3-101

JIS B 0405　（単位mm)		中　級
寸法の区分		m
0.5 以上	3 以下	±0.1
3 をこえ	6 以下	±0.1
6 をこえ	30 以下	±0.2
30 をこえ	120 以下	±0.3
120 をこえ	400 以下	±0.5

付2図　平歯車

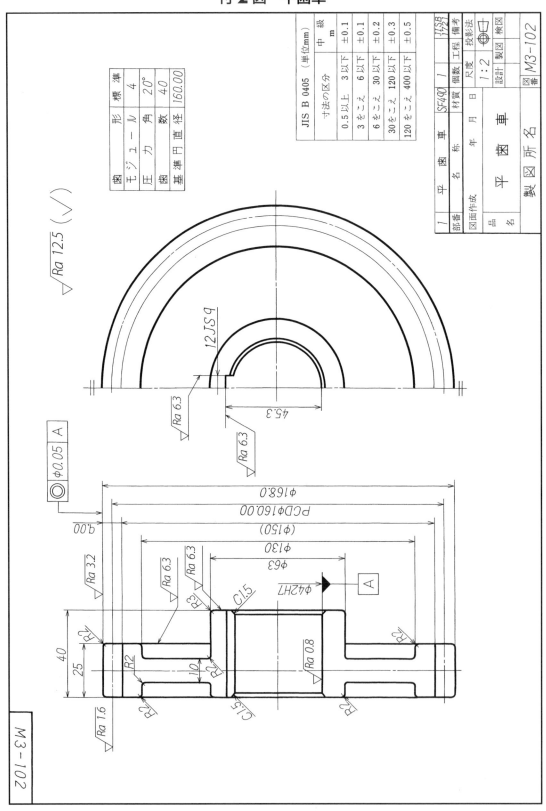

歯形	標準
モジュール	4
圧力角	20°
歯数	40
基準円直径	160.00

JIS B 0405	（単位mm）	
		中　級
		m
寸法の区分		
0.5 以上	3 以下	±0.1
3 をこえ	6 以下	±0.1
6 をこえ	30 以下	±0.2
30 をこえ	120 以下	±0.3
120 をこえ	400 以下	±0.5

1	平　歯　車	SF490	1		
部番	名　称	材質	個数	工程	備考
図面作成	年　月　日		尺度	投影法	JISB 1722
			1：2	◯⊕	
			設計	製図	検図
品名	平　歯　車				
製図所名			図番	M3-102	

√Ra 12.5 （√）

12JS9

√Ra 6.3

45.3

√Ra 6.3

◎ | φ0.05 | A

φ168.0
PCDφ160.00
(φ150)
φ130
φ63
φ42ZH7

4.00

√Ra 3.2
√Ra 6.3
√Ra 6.3
R3
C1.5
√Ra 0.8

A ▶

40
25
R2
R2
R2
10
R2
C1.5
R2
R2

√Ra 1.6

付3図　ねじ付き軸

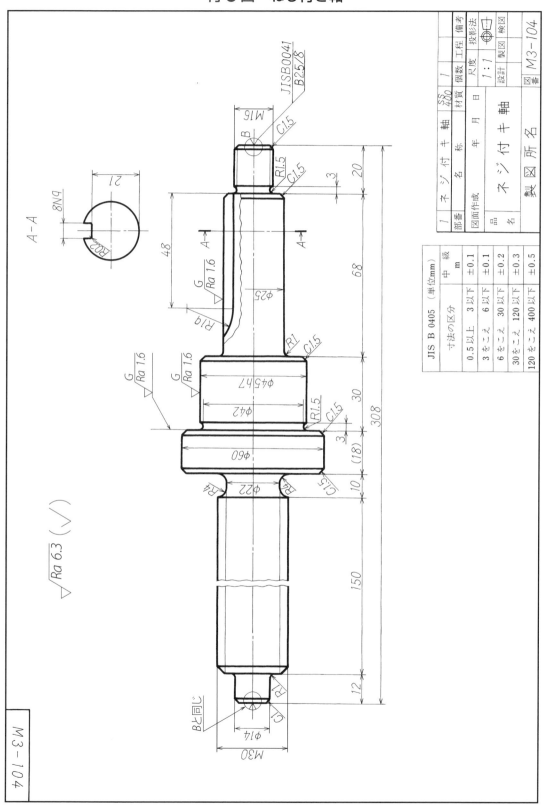

JIS B 0405	（単位:mm）
	中　級
寸法の区分	m
0.5 以上　3 以下	±0.1
3 をこえ　6 以下	±0.1
6 をこえ　30 以下	±0.2
30 をこえ　120 以下	±0.3
120 をこえ　400 以下	±0.5

1	ネ ジ 付 キ 軸	SS 400	1		
部番	名　　称	材質	個数	工程	備考
図面作成	年　月　日	尺度 1:1	投影法 ⊕⊟	設計 製図 検図	
品名	ネ ジ 付 キ 軸		製 図 所 名		図番 M3-104

√Ra 6.3（√）

M3-104

付4図　フランジ形固定軸継手

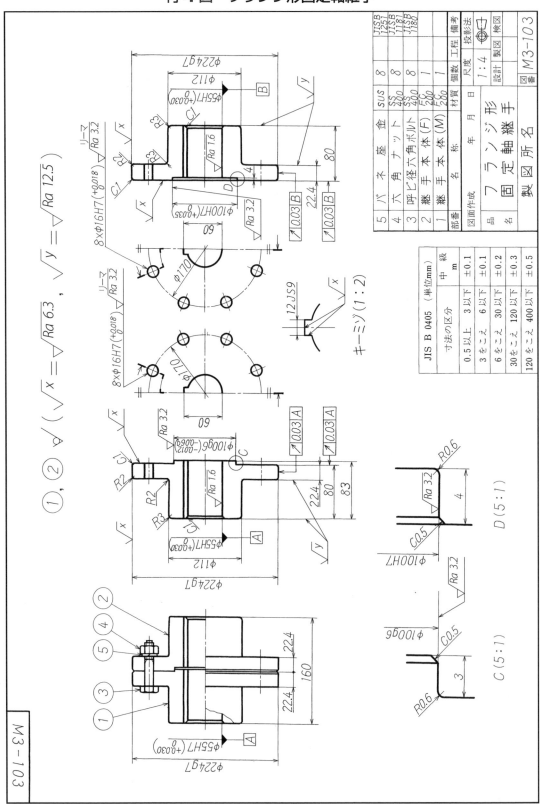

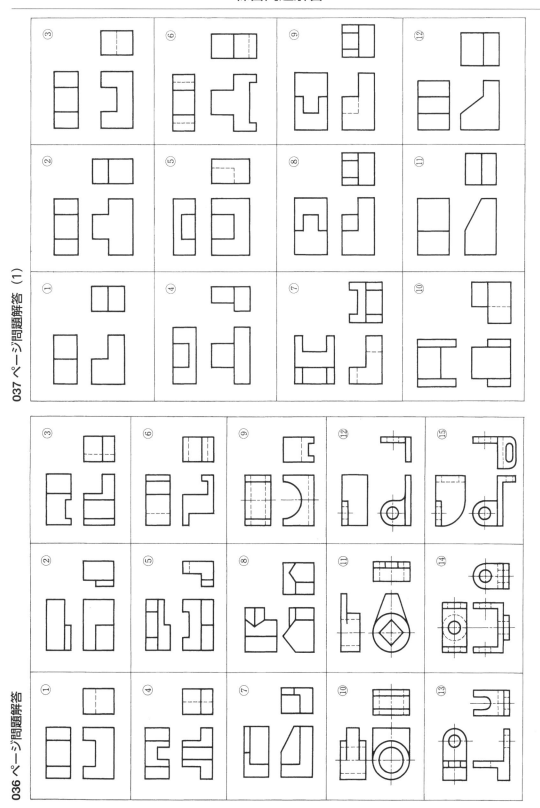

037 ページ問題解答 (1)

036 ページ問題解答

051 ページ問題解答（①，②，⑤，⑦～⑩は全断面にした場合を示す．）

037 ページ問題解答（2）

理論的に正確な寸法について

参考までに，「理論的に正確な寸法」（**p.095**）について，教育現場での事例として紹介する．

「理論的に正確な寸法」（TED：Theoretically Exact Dimension）は「理論値」である．「寸法値」とは異なるため，「幾何公差」（**p.093**）の指示が前提で使用する．ある値に対して「幾何公差」の指示があり，はじめて寸法として成立する．

また「幾何公差」の指示は複数ある場合があり，一般寸法とは無関係で「独立の原則」が適用される．

そのことを踏まえた上で，次の2つ（JIS B 0001「機械製図」新旧規格の図示例）をみてみたい．

図1は従前の場合で，**図2**は2019年に改正の最新のものである．

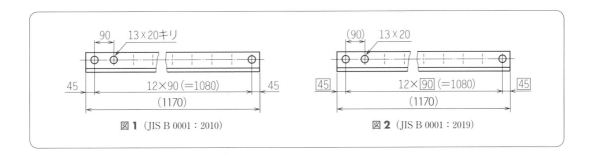

図1（JIS B 0001：2010）　　　　　**図2**（JIS B 0001：2019）

どちらも連続する穴の寸法記入の図示例であり，**図2**では長方形の枠に納まっている数値がみてとれる．これは何を意味するのか．本来，「理論的に正確な寸法」は「幾何公差」の範疇にあり，JIS B 0001で扱うものではない．

繰り返すが，「理論的に正確な寸法」は「幾何公差」の指示があった上で図示されるものであるが，**図2**にはそれがない．

明快な寸法記入の図面に対しても「幾何公差」と「理論的に正確な寸法」で作図した場合，図面は複雑になり，さらに指示どおりの寸法に仕上っているのかどうか精密な検査を必要とする．

また，それを加工する場合，どんなに高精度な加工機械を使用しても μm 単位で寸法にばらつきが生じて寸法公差ゼロは実現できない．測定時の不確かさをゼロにすることはできないので寸法の検証は時間と労力を使うだけである．

従前の JIS B 0001「機械製図」をご存知の読者諸氏からすれば，「幾何公差」の指示がなく，「理論的に正確な寸法」のみが図示されている**図2**に違和感を覚えると思う．しかし，これから製図を学ぶ方々にとって，**図2**の図示例は誤った理解を与えかねない事例となってしまうことを筆者ら教育に携わる者は危惧している．

「製図」とは，図面に必要十分な情報だけが盛り込まれていることが肝要であり，作図者は読図者に余計な錯誤を与えるような図面を描いてはいけない．このような立場から，参考として「理論的に正確な寸法」とは，あくまでも「幾何公差」の指示を前提としてなされるものだということをご理解いただきたいと思う．

製品の幾何特性仕様（GPS）について

2016年3月，永年利用されてきた「寸法公差及びはめあいの方式 — 第1部：公差，寸法差及びはめあいの基礎（JIS B 0401-1：1998）」が全面的に改正された．新旧規格の内容を比べてみると，考え方および数値そのものにはまったく変わりがないが，使われている用語が大幅に改正されている．ただし，原典（ISO）の誤訳，不整合な解釈が散見されるため，本書では教育現場での混乱をさけるべく，旧規格の用語のまま掲載することとした．読者諸氏も適切に活用してほしい．

主な用語の新旧対比

新規格　　JIS B 0401-1：2016		旧規格　　JIS B 0401-1：1998	
製品の幾何特性仕様（GPS）— 長さに関わるサイズ公差のISO コード方式 — 第1部：サイズ公差，サイズ差及びはめあいの基礎		寸法公差及びはめあいの方式 — 第1部：公差，寸法差及びはめあいの基礎	
箇条番号	用　語	箇条番号	用　語
3.1.1	サイズ形体	—	—
3.1.2	図示外殻形体	—	—
3.2.1	図示サイズ	4.3.1	基準寸法
3.2.2	当てはめサイズ	4.3.2	実寸法
3.2.3	許容限界サイズ	4.3.3	許容限界寸法
3.2.3.1	上の許容サイズ	4.3.3.1	最大許容寸法
3.2.3.2	下の許容サイズ	4.3.3.2	最小許容寸法
3.2.4	サイズ差	4.6	寸法差
3.2.5.1	上の許容差	4.6.1.1	上の寸法許容差
3.2.5.2	下の許容差	4.6.1.2	下の寸法許容差
3.2.6	基礎となる許容差	4.6.2	基礎となる寸法許容差
3.2.7	Δ 値	—	—
3.2.8	サイズ公差	4.7	寸法公差
3.2.8.1	サイズ公差許容限界	—	—
3.2.8.2	基本サイズ公差	4.7.1	基本公差
3.2.8.3	基本サイズ公差等級	4.7.2	公差等級
3.2.8.4	サイズ許容区間	4.7.3	公差域
3.2.8.5	公差クラス	4.7.4	公差域クラス
3.3.4	はめあい幅	4.10.4	はめあいの変動量
3.4.1	ISO はめあい方式	4.11	はめあい方式
3.4.1.1	穴基準はめあい方式	4.11.2	穴基準はめあい
3.4.1.2	軸基準はめあい方式	4.11.1	軸基準はめあい
—	—	4.3.2.1	局部実寸法
—	—	4.4	寸法公差方式
—	—	4.5	基準線
—	—	4.7.5	公差単位

〔**参考**〕　寸法線，寸法補助線，理論寸法（理論的に正確な寸法）については変更なし

索引

• 本書の内容に関する質問は、オーム社ホームページの「サポート」から、「お問合せ」の「書籍に関するお問合せ」をご参照いただくか、または書状にてオーム社編集局宛にお願いします。お受けできる質問は本書で紹介した内容に限らせていただきます。なお、電話での質問にはお答えできませんので、あらかじめご了承ください。

• 万一、落丁・乱丁の場合は、送料当社負担でお取替えいたします。当社販売課宛にお送りください。

• 本書の一部の複写複製を希望される場合は、本書扉裏を参照してください。

JCOPY ＜出版者著作権管理機構 委託出版物＞

• 本書籍は、理工学社から発行されていた『基礎製図（第5版）』を改訂し、第6版としてオーム社から版数を継承して発行するものです。

基礎製図（第6版）

1993 年 5 月 30 日	第1版第1刷発行
1994 年 10 月 25 日	第2版第1刷発行
2001 年 8 月 31 日	第3版第1刷発行
2008 年 3 月 10 日	第4版第1刷発行
2013 年 3 月 25 日	第5版第1刷発行
2020 年 2 月 25 日	第6版第1刷発行
2022 年 1 月 25 日	第6版第3刷発行

著　者　大西　清
発行者　村上和夫
発行所　株式会社　オーム社
　　　　郵便番号　101-8460
　　　　東京都千代田区神田錦町 3-1
　　　　電話　03(3233)0641(代表)
　　　　URL　https://www.ohmsha.co.jp/

© 大西清設計製図研究会 2020

印刷・製本　三秀舎
ISBN978-4-274-22480-5　Printed in Japan

本書の感想募集　https://www.ohmsha.co.jp/kansou/
本書をお読みになった感想を上記サイトまでお寄せください。
お寄せいただいた方には、抽選でプレゼントを差し上げます。

● **好評図書** ●

AutoCAD LT2019 機械製図

間瀬喜夫・土肥美波子 共著 　　　　　　　　B5 判　並製　**296** 頁　本体 **2800** 円【税別】

「AutoCAD LT2019」に対応した好評シリーズの最新版。機械要素や機械部品を題材にした豊富な演習課題 69 図によって、AutoCAD による機械製図が実用レベルまで習得できます。簡潔かつ正確に操作方法を伝えるため、煩雑な画面表示やアイコン表示を極力省いたシンプルな本文構成とし、CAD 操作により集中して学習できるように工夫しました。機械系学生のテキスト、初学者の独習書に最適。
【主要目次】　1章　機械製図の概要（製図と機械製図　図形の表し方　他）　2章　AutoCAD LTの操作（コマンドの実行　オブジェクト選択　他）　3章　CADの基本操作（よく使う作図コマンド　テンプレートファイルの準備　図面の縮尺・倍尺　ブロック図形の活用　他）　4章　CADの演習（トロコイドもどき　プレス打ち抜き材　他）　5章　AutoCAD LTによる機械製図（厚板の表示　フランジ継手　回転投影図　他）

3日でわかる「AutoCAD」実務のキホン

土肥美波子 著 　　　　　　　　　　　　　　B5 判　並製　**152** 頁　本体 **2000** 円【税別】

実務で必要とされる操作と知識を、1日3時間×3日間＝9時間で。AutoCAD 特有の［モデル空間］での作図・修正から［レイアウト］での印刷・納品まで、実際の図面を用い、実務作業の流れの中で習得できます。多機能・高機能な AutoCAD を、どう習得すればよいのか困っている初学者・独習者に最適な手引書。
【主要目次】　**1日目**　作図の基本（操作をはじめる［作図をはじめる前に練習と準備をする］／作図の時間①［必要な道具］／図面を完成する［注釈コマンド］）　**2日目**　テンプレートの作成（テンプレートをつくる①［図面の体裁を統一する］／作図の時間②［テンプレート］／テンプレートをつくる②［縮尺して印刷する図面のために］）　**3日目**　レイアウトの活用（作図の時間③［テンプレート］／レイアウトを使って印刷する①［ペーパー空間のレイアウト機能］／レイアウトを使って印刷する②［異尺度対応機能］）

JIS にもとづく 機械設計製図便覧（第 **13** 版） 　【最新刊】

工博　津村利光　閲序／大西　清 著 　　　　　B6 判　上製　**720** 頁　本体 **4000** 円【税別】

初版発行以来、全国の機械設計技術者から高く評価されてきた本書は、生産と教育の各現場において広く利用され、12 回の改訂を経て 150 刷を超えました。今回の第 13 版では、機械製図（JIS B 0001：2019）に対応すべく機械製図の章を全面改訂したほか、2021 年 7 月時点での最新規格にもとづいて全ページを見直しました。機械設計・製図技術者、学生の皆さんの必備の便覧。
【主要目次】　諸単位　数学　力学　材料力学　機械材料　機械設計製図者に必要な工作知識　幾何画法　締結用機械要素の設計　軸、軸継手およびクラッチの設計　軸受の設計　伝動用機械要素の設計　緩衝および制動用機械要素の設計　リベット継手、溶接継手の設計　配管および密封装置の設計　ジグおよび取付具の設計　寸法公差およびはめあい　機械製図　CAD 製図　標準数　各種の数値および資料

JIS にもとづく 機械製作図集（第 **7** 版）

大西　清 著 　　　　　　　　　　　　　　　B5 判　並製　**144** 頁　本体 **1800** 円【税別】

正しくすぐれた図面は、生産現場においてすぐれた指導性を発揮します。本書は、この図面がもつ本来の役割を踏まえ、機械製図の演習に最適な製作図例を厳選し、すぐれた図面の描き方を解説しています。第 7 版では、2013 年 10 月時点での最新 JIS 規格、JIS Z 8310：2010（製図総則）、JIS B 0001：2010（機械製図）、JIS Z 3021：2010（溶接記号）などにもとづき、本書の全体を点検・刷新し、製造現場のデジタル化・グローバル化に対応しました。機械系の学生のみなさん、技術者のみなさんの要求に応える改訂版です。
【主要目次】　1　JIS 機械製図規格について（工業図面について　図形の表し方　機械要素の略画法　他）　2　線・文字・記号および用器画（線・文字の練習　各種の製図用記号　他）　3　製図の練習（15 図）　4　機械製作図集（49 図）　5　製図者に必要な JIS 規格表（27 表）　付録　CAD 機械製図について

機械工学入門シリーズ 機械材料入門（第 **3** 版）

佐々木雅人 著 　　　　　　　　　　　　　　A5 判　並製　**232** 頁　本体 **2100** 円【税別】

本書は、ものづくりに必要な、材料の製法、特性、加工性、用途など、機械材料全般の基本的知識を広く学ぶための入門テキストです。　第 3 版では、材料技術の進展にともない新たに開発された新素材や新しい機械材料（合金鋼、希有金属、非金属材料、機能性材料等）について増補。JIS 材料関係規格についても、最新規格に準拠しました。機械系の学生および機械系若手技術者、機械系の学校での教科書・サブテキストとしておすすめです。〔各章末に練習問題、巻末に解答を掲載〕。
【主要目次】　1章　機械材料について　2章　金属材料の性質　3章　鉄と鋼　4章　合金鋼　5章　鋳鉄　6章　非鉄金属材料　7章　非金属材料　8章　複合材料　9章　機能性材料　付録（付 1　金属材料記号の構成と表わし方　付 2　主要金属材料の用途例）

◎本体価格の変更、品切れが生じる場合もございますので、ご了承ください。
◎書店に商品がない場合または直接ご注文の場合は下記宛にご連絡ください。
TEL.03-3233-0643
FAX.03-3233-3440
https://www.ohmsha.co.jp/